THE CRITIQUE OF SOCIOLOGY

クリティーク社会学

空爆論

メディアと戦争

吉見俊哉

Shunya Yoshimi

岩波書店

クリティーク社会学

空爆論

目次

目次

序章　アイ・イン・ザ・スカイ
——アフガニスタン上空

世界貿易センターの最上階にはこばれること、それは都市を支配する高みへとはこばれることだ。街中にあれば、匿名の掟の命ずるがまま、こちらの角を曲がったり、またあちらの角を曲がったりせねばならぬものを、もはや身体はそんな街路にしばりつけられていない。すさまじい差異のざわめき、ニューヨークのけたたましい車の洪水、そこで遊ぶ者、遊ばれる者、いずれもいまはその呪縛から解き放たれている。この高みにのぼる者は、大衆からぬけだすのだ。〔略〕かれは、この海のうえに舞いあがるイカロスとなり、どこまでもはてしなく続く動く迷路にひとを閉じこめるあのダイダロスの術策を忘れることができる。こうして空に飛翔するとき、ひとは見る者へと変貌するのだ。下界を一望するはるかな高みに座すのである。この飛翔によって、ひとを魔法にかけ、「呪縛」していた世界は、眼下にひろがるテクストに変わってしまう。こうしてひとは世界を読みうる者、太陽の《眼》、神のまなざしの持ち主となる。視に淫し、想に耽ける欲動の昂揚。おのれが、世界を見るこの一点にのみ在るということ、まさにそれが知の虚構(フィクション)なのである。

（ミシェル・ド・セルトー『日常的実践のポイエティーク』）

二〇二一年八月、アメリカの敗戦

ニューヨークの世界貿易センタービル崩壊から約二〇年後の二〇二一年八月末、テロの温床とされるアフガニスタンに駐留し続けていた米軍は、結局、タリバーンの攻勢の前になす術もなく全面撤退した。バイデン政権が米軍の完全撤退を表明したのが同年四月、タリバーンは着々と支配地を広げ、軍基地から大量の武器を奪い、各地の刑務所から仲間を脱走させ、勢いに乗って一挙に首都カブールを制圧した。その攻勢を前に、アメリカが後押ししてきたアフガニスタン政府はあっという間に崩壊した。二〇年間という駐留期間からすればあまりのあっけなさであり、全世界にアメリカの力は衰え、バイデン政権は弱腰であるとの印象を与えた。だからおそらく、この時にロシアでウラジーミル・プーチンはウクライナへの軍事侵攻を決意した可能性があるし、アメリカ国内では、人々が撤退時の混乱を、一九七〇年代のベトナム戦争の悪夢、陥落するサイゴンからの撤退の記憶と重ねざるを得なかった。要するに、アメリカは負けたのである。

そして、この撤退時の混乱のなかで、米軍が多用したのは無人機によるテロリスト集団への空爆であった。八月二七日、米軍は、首都の空港近くで起きた爆破テロへの報復として、アフガニスタン東部でIS(イスラム国)の支部メンバーをドローンで空爆、殺害している。そして同じように、二九日には首都の空港近くでもドローンによる空爆を行うのだが、これはとんでもない誤爆であった。この空爆により、子供七人を含む民間人一〇人が犠牲となった。彼らはアメリカに拠点を置く慈善団体の職員とその家族らで、全員がISとは何の関係もなかった。最悪のタイミングでの完全な誤爆である。米軍は当初、これは自爆テロ阻止に向けた「正しい攻撃」であったと主張していたが、CNNなどのメディアによる取材から標的が民間人で、車の積荷も水のタンクであったことが明らかになり、米軍もこの事実を認めたのである。こうした失態は、米軍が自らは安全な場所に身を置いたまま、ずさんな情報に頼り民間人の殺戮を頻繁に行ってきた過去を象徴し、改めて二〇年間の米軍駐留の空虚さを浮き彫りにすることとなった。

そもそも米軍のアフガニスタン駐留の失敗は、二〇〇〇年代終わりまでにははっきりしてきていた。二〇〇九年、BBCやABCなどの欧米の放送局がアフガニスタンで共同で行った世論調査では、アメリカへの好感度が二〇〇五年の八三％から四七％に急落していた(『読売新聞』二〇〇九年二月一二日)。二〇〇〇年代初頭、タリバーン政権崩壊の頃には、米軍はアフガニスタンの人々に期待をもって迎えられた可能性があるが、その期待はやがて幻滅に変わり、さらには強い反米感情が広がっていった。

原因は様々に考えられるが、駐留自体が人々の反米感情を増幅させたことは見過ごせない。たとえばアフガニスタンでは二〇一〇年の上半期だけで一二七一人以上の民間人が死んでいるが、その約三割は駐留軍や政府軍の砲撃や空爆による死だったという(『読売新聞』二〇一〇年八月一九日)。さらにこれが、二〇一八年になると死者の数が一年間で三八〇四人にまで増えているから(同二〇一九年二月二五日)、長い米軍駐留で、アフガニスタンの治安はちっとも改善されなかった、それどころかむしろ悪化したことがわかる。こうして絶望的に繰り返されるテロや誤爆で増え続ける「死」は、人々に「反米」感情を広げていく。そしてその感情の広がりにつけ込むように、タリバーンは失地を回復していったのだ。

タリバーン制圧を目指した米軍の行動自体が反米感情を増幅させていったのは隣国のパキスタンも同じだった。パキスタンの場合、とりわけ人々の憤激を生んでいったのはドローンによる誤爆である。アメリカは、パキスタン領内に直接米軍を侵攻させるわけにはいかなかったから、タリバーンやアルカイダの拠点となっていることが疑われた地点へのドローン空爆を重ねた。

しかし、もともとの通報情報が誤っていることも少なくなく、その場合にはドローンによる「上空からの眼差し」自体がどれほど精密でも、空爆は誤爆となる。ピーター・ベルゲンとキャサリン・タイデマンによれば、「パキスタンで実施されるドローン攻撃で武装勢力の軍事指導者を殺害できるのは七回に一回程度」だという。しかも、「こうした攻撃で命を落としているのは、重要な武装ゲリラ勢力の指導者よりも、兵卒レベルの戦士たちが多く、少数ながらも民間人も犠牲になっている」(Bergen and Tiedemann 2011 = 2011: 94–95)。彼らがデータベースを整備して被害記録を集計したところでは、「二〇一一年四月初頭までにドローンはパキスタン北西部のターゲットを二三三回攻撃している」。そして、パキスタンへのドローン空爆が開始された「二〇〇四年六月から二〇一一年四月七日までに実施されたドローン攻撃で一四三五—二二八三人が殺害され、信頼できるメディアの報道によれば、そのうちの一一四五—一八二二人が武装勢力のメンバーだった」という(Bergen and Tiedemann 2011 = 2011: 96)。

したがって、誤爆の確率が非常に高かったわけではないが、多くのパキスタン人は「ドローン攻撃によって多くの民間人が犠牲になっている」と考えるようになった。何よりも、ドローンによる空爆は、空爆される側にはとてつもなく「卑怯」な殺人だった。「我々には相手を倒す手段がなく虫けらのように殺される」と、タリバーンとはまったく関係がなかったのにドローン爆撃で息子と弟を一度に失ったパキスタン北西部の住人は語っていた(『読売新聞』二〇一一年一月一二日)。多くの場合、「ドローン攻撃による犠牲者は、生命の危機が差し迫っていることを知ることもできず、秘密裡に決められた死刑宣告に抵抗もできない。ましてや、反撃する術もない。一方で操縦士は攻撃の間、何の危険にも直面しない。地球の反対側で誰かを殺害したあと、勤務が終われば、子供を学校へ迎えにいくなど普通の生活に戻る」(Freedman 2016 = 2016: 103)。

この理不尽さに、近親者を突然、殺された人々はもちろん、パキスタン人の多くが納得できるはずもなかった。そのため、「パキスタンの部族地域で暮らす人々の七五%が「アメリカの軍事ターゲットに対する自爆テロは正当化される」と考えるようになっていった」(Bergen and Tiedemann 2011 = 2011: 94)。事の成り行きとして、ドローン爆撃でテロ組織の要人たちを殺害し、その組織をある程度は弱体化させたとしても、その途上で生じた数々の誤爆でアメリカへの憎悪は増幅し、そうした燃え広がる反米感情が新たなテロの温床となるのである。

高度化した「アメリカ的空爆様式」

アメリカのドローン空爆がいつから本格化したかははっきりと特定できる――二〇〇一年九月一一日の同時多発テロの直後である。テロ後、ドローン兵器使用についての躊躇を払拭したアメリカ政府は、空対地ミサイル・ヘルファイアを装備したドローンをアフガニスタンに配備した。

同時にブッシュ政権は、世界各地のアルカイダ系テロリストを殺害する権限をＣＩＡに与える法的ガイドラインをまとめた。二〇〇二年一一月には、アルカイダ幹部とみなされていたサリム・シーナーン・アル＝ハラシーと五人の側近がイエメンでドローン攻撃によって殺害されている。二〇〇四年からはパキスタン上空からのドローン空爆も始まり、やがてイエメンやソマリアでもドローン空爆が拡大していった。しかも、アメリカはジョージ・Ｗ・ブッシュ政権期のみならず、オバマ政権期になってもドローン空爆を継続した。それどころか、パキスタン以西の一帯でアメリカのドローン空爆が激化するのは、まさにオバマ時代であった。オバマ大統領は、「『我々はゆっくりと組織的に、アルカイダ幹部を殺害している』などとほのめかすだけで、詳細は明かさない。大統領としての権限で作戦を行い、議会の承認も得ていない。テロ組織関係者二千人が巻き添えになったとの推計もあるが、実態は闇の中だ」と当時の新聞は伝えていた（『朝日新聞』二〇一二年八月一四日）。こうしてパキスタンでのドローン空爆は、二〇一〇年には年間で一一七回を数えるまでになるが、これはパキスタン全土に反米感情が広がるきっかけとなった。

しかし、そのような反米感情の拡大など歯牙にもかけず、９・11以降、ドローン兵器は全世界で増殖していく。当初、米軍の目標は二〇一〇年までに無人機八〇機を導入することだったが、そうした控えめの目標はあっという間に突破され、９・11から一〇年後の段階で、米軍は偵察機グローバルホークや攻撃機プレデター、リーパーを合わせて二五〇機を超えるドローンを運用していく。それほどまでに、「テロとの戦い」にとってドローンは都合が良かったのである。

実際、イラクやアフガニスタンの戦争では、米兵たちは広大な山岳地帯や砂漠に潜伏する「見えない敵」と戦わなければならなかった。かつて第一次世界大戦の頃、同じ地域で現地人と戦わなければならなかった大英帝国の兵士たちは、砂嵐の中から突然現れるベドウィン兵たちに恐怖した。この恐怖は、まさにその頃から発展していた上空からの偵察と空爆のシステムによって幾ばくか救われていく。そして約一〇〇年後、同じイラクやアフガニスタンで戦うことになった米兵たちにとっても、険しい山岳地帯や砂漠は恐怖の対象だった。自然地形と気候のしぶとい抵抗力は、しばしば現代文明の技術革新を凌駕する。それでも再び、無人爆撃機や軍事用ロボットが、山岳地帯の見通しの悪さのなかで恐怖に陥る米兵たちの希望となるのである。本書で論じていくように、このアフガニスタンからイラクにかけての山岳－砂漠地帯と英米の空軍の先端技術主導型の空爆史の関係は、決して偶然の結びつきではない。

しかも、このような有人爆撃機による空爆からドローン空爆までの道のりには、アフガニスタンやイラクだけでなく、西アジアから北アフリカ全域へと拡大していった点においても繰り返しがあった。「オバマ政権が二〇一六年七月に公表した最新データによれば、二〇〇九年一月から二〇一五年一二月の間にアフガニスタン、イラク、シリアの戦闘地域の外で実施されたドローン攻撃は合計四七三回で、戦闘員の死者数は二三七二―二五八一人で、民間人の犠牲者数は六四―一一六人。対照的に、ロンドンに本部がある調査報道ジャーナリスト協会は、二〇一六年八月段階の数字として、アメリカのドローン攻撃によってパキスタン、ソマリア、イエメンで五一八―一一三八人が犠牲になったという見方を示している」(Freedman 2016＝2016: 102)。これらの民間人の犠牲のなかには、イエメンで二〇一三年一二月、アメリカ大使館攻撃を企てる一二人のテロリストを殺害するつもりが、結婚式のパーティ会場を爆撃してしまった悲惨な例もある。

これらの誤爆リスクに加え、ドローン空爆には、軍事的な観点からしても明らかな欠点があった。すなわち、ドローン空爆は「シギント(通信、電磁波、信号などの傍受を通じた諜報活動)に過度に依存し、民間人の巻き添え犠牲のリスクをうまく評定できず、逮捕よりも殺害を重視するために、テロ容疑者から潜在的に重要な情報を引き出せない」(Freedman 2016＝2016: 103)。それにもかかわらず、アメリカが世界のいかなる国よりもドローン空爆を好んだのは、この方法はアメリカ人の生命を危険にさらさずに済むからで、最大の眼目は国内世論対策だった。

しかも、かつて同じ地域に英空軍がした空爆と異なり、ドローンは標的のはるか上空でホバリングできるので、操縦士は正しく標的を攻撃できるとされた。さらに精度を高めていけば、「敵の政治指導者や活動家を比較的簡単に殺害できる」はずだった。つまり、自分は手を汚さずに、ピンポイントで問題の人物をほとんど自動的に殺害できるかもしれないのだ。他者を、彼らからすればまったく予測不能な仕方で殺しておきながら、自分は全世界を完全な監視下に置くことができると思われたのである。こうした「夢のような」可能性は、前述のドローン空爆が内包する数々の欠点を考慮に入れても、アメリカ政府にはなお余りある利点と考えられた。

本書で論じていくように、「アメリカ的空爆様式(American Way of Bombing)」は、ベトナム戦争を境として大きな変貌を遂げる。日本空爆や朝鮮空爆を支配した都市全域への無差別爆撃は、ベトナム戦争での挫折を経てもはや通用しなくなり、これ以降、アメリカはより精密で無人化された空爆を技術の高度化を通じて実現していく。この転換は、マチュー・エバンゲリスタとヘンリー・シューらが論じたように、単に戦略上の必要性というだけでなく、国際法上の環境や人権蹂躙への国際的な監視の広がりを意識したものでもあった(Evangelista & Shue 2014: 47–86)。したがって、今日のドローン空爆の拡大は、第一次世界大戦期の植民地空爆から日本空爆を経てベトナム空爆へと至る第一段階の「アメリカ的空爆様式」が構造転換を遂げ、人工衛星やコンピュータ、画像分析が高度に組み合わされて空爆機が無人化されていく第二段階の空爆様式の結末を示している。この段階的移行には、連続性と非連続性が複雑に絡まり合っていた。

アイ・イン・ザ・スカイ

こうして連続と非連続が絡まり合いながらアメリカ的空爆様式が経験していく転換は、軍事的にはベトナム戦争後に始まり、湾岸戦争までに完成する。しかしその先で、この転換が私たちの日常的実践における空爆との関係をさらに根底から変容させていくのは、やはり二〇〇一年九月一一日の出来事を経てのことだった。――「9・11」とは何であったのか。この問いに対してはすでに無数の問い返しがなされてきた。本書の観点から見過ごせないのは、あの瞬間に、「上空からの眼差し」と「地上の眼差し」の関係が、ある種の位相変容を遂げたことである。

ここで、この序章の冒頭に掲げたミシェル・ド・セルトーの文章を再読していただきたい。セルトーがあの世界貿易センタービルの最上階を訪れたのは一九七〇年代半ばのことだったと思われる。この一一〇階建て、最上階は地上四一一メートルの二棟の巨大な直方体のタワーがマンハッタン島南端に屹立したのは一九七三年のことだった。もともと建設計画は第二次大戦直後からあり、紆余曲折を経て七三年に実現した。設計は日系アメリカ人のミノル・ヤマサキで、彼の建築計画が一般公開された一九六四年は奇しくも東京オリンピックの年、日本への徹底的な空爆と日系人収容所の時代からまだ二〇年と経っていなかった。ヤマサキはここに二本の巨大な直方体を建てることを提案したのだが、これはミース・ファン・デル・ローエのユニバーサル・スペースを限りなく上に伸ばしていったようなところがあった。その上昇があまりに徹底していたので、世界貿易センタービルは、アメリカ資本主義を象徴する建築という地位を獲得する。果たしてオサマ・ビン・ラディンが、このタワーへのテロを計画するなかでセルトーの文章を読んだかどうかは知らないが、セルトーは「世界貿易センターは西欧的都市計画がとるすがたの最大のモニュメント（フィギュール）にほかならない」とはっきり宣言していた(Certeau 1980＝1987: 203)。

セルトーのこの文章は「都市を歩く」と名づけられていたが、彼が歩いたのはニューヨークの路地でもなければ、川筋や坂や谷でもなかった。そもそもニューヨークは、先住民が住んでいた頃の自然地形の凹凸をすっかり平らにし、坂や谷のような微地形を抹消してしまっていたから、東京ならば今も辛うじて可能な地形的襞の間を歩いていくことなど不可能だった。だからセルトーは、この「都市を歩く」ことを、世界貿易センタービルの最上階から始めたのだ。

セルトーはこの経験を、アイロニックな含意をもって大地からの「解放」として語った。世界貿易センタービルの最上階にいる者は、「街中にあれば、匿名の掟の命ずるがまま、こちらの角を曲がったり、またあちらの角を曲がったりせねばならぬものを、もはや身体はそんな街路にしばりつけられていない」。この「解放」を人類が目指すのは古く、伝説のバベルの塔を語った旧約聖書の時代まで遡れ、中世の画家たちは「いまだかつて存在したこともないような目が見はるかした都市の姿を描いていた。それらの絵画は、都市の上空飛行と、それによってひらけるパノラマを同時に創出していた」。だから「こうしたフィクションが早くも中世に見る者を天の眼に変えていた」。やがて、「技術的な手続きのおかげで「遍‐視する権力」ができあが」る(Certeau 1980=1987: 200–201)。紛れもなく、世界貿易センタービルはこの権力の象徴だった。

つまり、この「マンハッタンのへさきに立つ四二〇メートルのタワーは、読む者をつくりだすフィクションをいまも変わらず築きあげて」おり、そのフィクションは「都市の錯綜を読みうるものに変え、変転たえまないその不透明性を動かぬ透明なテクストに変えて」しまう。もちろん、まさにこの「いまも」が続いたのは、二〇〇一年九月一〇日までのことだが、フィクションとしての都市は「「理論的な」(すなわち視覚的な)シミュラークル、要するに、実践を忘れ無視してはじめてできあがる一幅の絵」なのだとセルトーは念押ししていた。

セルトーが論じたように、この「上空からの眼差し」は、「人びとの住む都市の不透明で盲目の動き」を常に捉えそこなうことを運命づけられている。なぜならば、そうした「動き」は、「歩く者たち(Wandersmänner)であり、かれら歩行者たちの身体は、自分たちが読めないままに書きつづっている都市という「テクスト」の活字の太さ細さに沿って動いてゆく。こうして歩いている者たちは、見ることのできない空間を利用しているのである」。というのも、「絡みあいのなかでこたえ交わし通じあう道の数々、ひとつひとつの身体がほかのたくさんの身体の徴を刻みながら織りなしてゆく知られざる詩の数々は、およそ読みえないものである」(Certeau 1980=1987:

201–203）。次章以降の議論を先取りするなら、セルトーがいう「歩く者たち」は、逃げまどう者たちでも、地下に潜る者たちでも、偽装する者たちでもある。それらは「抵抗」という以上に、上空からでは眼差すことのできない見えざる人々の微かな営みなのである。

セルトーがこの文章を書いてから約二〇年、世界貿易センタービルはニューヨークに屹立し続けていたが、その後、突然崩落した。実を言えば、セルトーのこの二重の意味で眩暈（高さによる眩暈と突然の崩落による眩暈）のする文章に気づかせてくれたのはカレン・カプランで、彼女は本書で度々言及する『*Aerial Aftermaths: Wartime from Above*』（二〇一八年）の冒頭にこのセルトーの一文を引用し、この「背筋がゾッと」しないではいられない一文が示唆していた「上空からの眼差し」と「地上のふるまい」の二項対立に、あえて疑問を投げかけている。

すなわち、セルトーはどこかで一望監視的な眼差しと地上の群集の見えざる動きを対置している。しかし、カプランが主張するように、この二項対立は事態を単純化しすぎているかもしれない。そうした理解では、「上空」と権力が、「地上」と人々の日常が結びつく。しかし、現代都市を生きる人々はすでに「上空からの眼差し」を内面化しており、「地上」の日常を「上空」の視界から切り離すことができなくなってしまっている。しかも、9・11の衝撃の中でメディアに流布していった崩壊する世界貿易センタービルの映像は、まさにその「上空」で、多くの人が突然の自爆攻撃を受け、悲惨に殺されつつある瞬間を捉えていた（図0−1）。

9・11は、私たちの多くがすでに「上空からの眼差し」を自らのものとして日々の生活を送っている世界で起きた出来事である。そうした眼差しは、すでにすっかり大衆化し、日常化してし

図0-1　崩壊直前の世界貿易センタービル・ノースタワーの内側にいる人々（REUTERS/Jeff Christensen）

まっている。生じているのは、「より上空からの眼差し」と「やや上空からの眼差し」との熾烈な争いと言うべきだろうか。あの日、ビル突入の直前にアメリカン航空11便とユナイテッド航空175便のコックピットで操縦桿を握っていたテロリストたちは、目の前に世界貿易センタービルの壁面が迫ってくるのをはっきり眼差していたであろう。彼らがしていたことは、究極的には地上の自爆テロリストたちと同じである。後者が地上でしていたことを、前者ははるか上空で、しかも多数の旅客機の乗客たちを道連れに実行したのだ。

つまり、ここにおいては「上空＝権力による可視化」と「地上＝人々による視えざるふるまい」という、セルトーが暗黙裡に前提にしていたかもしれない二項対立がすでに崩壊している。テロリストたちの暴力は上空からも襲ってくることを9・11は証明したし、その上空で日々の生活を送っていた人々は、地上の人々が空を見上げる、そのはるか上方で殺されていったのである。だから私たちが生きているのは、こうした「上空」と「地上」、「戦争」と「テロ」、「可視化」と「不可視化」がすでに幾重にも入れ子になってしまった流動的で重層的な世界である。

その後、ジョージ・W・ブッシュが始めた「テロとの戦争」を通じ、多用されていくのは軍事用ドローンであった。つまり、アメリカ国内の米軍基地で操縦される無人機が、テロリストの巣窟とされたアフガニスタンやパキスタン、イラクの上空を飛び、下方に展開する出来事を監視し、必要とあれば爆撃する体制が整えられていった。そこで起きていたのは、一見、上空から可視化する権力と地上の視えざるふるまいとの対抗的関係の再演であるかのようでもある。たしかにそうした面もあるのだが、ドローンがどんどん小型化し、軽量化し、廉価化していくなかで、実際に起きたのは「上空からの眼差し」の遍在化であったとするべきだろう。

すでにドローンが実用化されていくなかで、パイロットは実際に上空の飛行機に乗っていなくてもいいことになってしまった。つまり、地上の眼差しであるパイロットは、「上空からの眼差し」の担い手となり、地上を爆撃するのだが、しかしその爆撃機であるドローンは、さらに上空の人工衛星によって監視・制御されている。他方でドローンはどんどん小型化し、今や鳥や虫の姿をとって民家の天井や道沿いの樹木の枝にとまって周囲を偵察することもできる。皮肉な言い方だが、もはや「上空からの眼差し」は必ずしも上空にいなくてもいいのである。

二〇一〇年代以降、この新たな眼差しの遍在化が、様々な映像作品に描かれてもきた。もともとドローンは一九八〇年代からSF映画に登場していたが、同時代の現実の戦争や紛争を描く作品で軍事ドローンが登場するのは二〇〇〇年代以降である。とりわけ二〇一三年以降、パキスタンやアフガニスタンでの米軍のドローン攻撃の活発化を受け、ドローンによる空爆を描く映画は激増していった。それらの映画の主要なナラティヴは、軍事ドローンによるテロリスト爆撃で民間人が無残にも巻き添えとなる話や、逆にそうしたドローン爆撃の巻き添えとなって愛する者を殺された側の復讐劇、さらには戦地からはるか離れた基地で、自分は安全な日常に身を置いて画面越しにドローンによる殺人を重ねることから来る米兵たちのトラウマを扱ったものまで、いずれもドローン空爆が内包する根本的な非倫理性がテーマになっている。

なかでも二〇一五年にイギリスで制作された『アイ・イン・ザ・スカイ――世界一安全な戦場』は、英米とケニアの合同軍によるテロリスト空爆を扱い、上空を飛ぶドローン空爆機と、軍が情報をつかんで攻撃の標的としたテロリストたちの間の二万二〇〇〇フィートの距離を緊迫感をもって描いた。民間人を巻き添えにしてでも空爆するかで、保身もあって決断を躊躇する政治家たちと、好機を逃さずミッションを実行しようとする軍人とが厳しく対立し、最後は発射されたヘルファイアミサイルがあどけない笑顔の少女を非情にも巻き添えにする。英米軍は、テロリストを追尾するために昆虫サイズのドローン偵察機を駆使するが、テロリストたちはまったくこれに気づかない。少女と街の人々、それに彼女の父親もまったく別の世界を生きている。つまり地上の人々の生きている空間からとてつもなく離れた場所で爆撃が決定され、はるか上空から一瞬で少女の人生は破壊されるのである。映画は、現代の「上空からの眼差し」がすべての人々の日常生活を気づかれない仕方で監視し、必要とあれば地上から数万フィートの上空からミサイルが発射され、すべては一瞬で粉々にされることを描いていた。

そして注目すべきは、この映画の最も緊迫感あるいくつかの場面、つまり昆虫サイズのドローンがテロリストたちのアジト内部に入り、相手の動きをじっと覗き見する場面や、その昆虫ドローンを操る現地人諜報員が、なんとか少女を助けようと工夫を凝らす場面では、昆虫型ドローンの眼差しと諜報員の眼差し、それらを遠隔で観察している英軍基地内からの、と同時にはるか上空からの眼差し、さらにはすべてを映画館で観る観客の眼差しが同時的な出来事として重層させられていることである。つまり、すでに「眼差し」は、私たちの身体から離脱して上空を飛行するだけでなく、いかなる眼差す者の身体の地理的、物理的な位置とも対応せずに自在に出現しているのである。9・11を契機として一気に広がったドローンによる偵察や爆撃の技術革新と広汎な普及は、このような「眼差し」の爆発的な遍在化を実装するものであった。

本書で論じていくように、今では米軍だけでなく、世界の多くの小国が攻撃型ドローンを装備し、兵士は自分の身を自軍の陣地に置いたまま、空から敵軍に「カミカゼ」的な自爆攻撃を仕掛けている。ここにおいて眼差しは、「地上」にあると同時に「上空」にある。この同時的二重性の構造的な意味を、長い歴史的射程のなかで明らかにすることが本書の目的である。

メディアとしての空爆——俯瞰する眼と観察者

本書でこれから私が書いていこうとするのは、「メディアとしての空爆」の歴史である。空爆についての、あるいは戦争についてのメディアの語りの歴史ではない。そうではなく、私は空爆そのものがメディア行為であると考えている。「視ること」は「殺すこと」なのだ。だからその「視ること」、すなわち視覚的身体の拡張として発達していった様々なメディア、すなわち望遠鏡や双眼鏡、何よりも写真や映画、テレビジョンに至る映像メディアは、本質的に兵器としての次元を内包していた。まさしくかつてマーシャル・マクルーハンが語ったように、「矢が手と腕の拡張だとすれば、ライフルは目と歯の拡張である。銃腔に旋条をつけ、照準を改良する必要を最初に主張したのが、文字文化性の強いアメリカの入植者であった」わけで、「ライフルを目の拡張として用い、空間の中から、他の物体と切り離され孤立した標的をやすやすと選び出すなどということは、非文字文化の人びとにできる技ではない」(McLuhan 1964 = 1987: 357)。

本書ではこれから、こうしたマクルーハン的メディア概念を根底に、その先にはポール・ヴィリリオからグレゴワール・シャマユーまでの空爆＝メディア論の系譜を、他方でマクルーハン以前にヴァルター・ベンヤミンによって見据えられていた複製技術論の視座を射程に入れ、二〇世紀を通じて空爆がいかなるメディア行為として機能してきたのかを明らかにしたい。

その際に忘れてならないのは、マクルーハンの断定的で非歴史的ですらある言い回しとは異なり、空爆というメディア行為が深くグローバルな地政学的文脈に埋め込まれていたことである。戦争と地政学が切り離せないのは当然だが、空爆は、単にそうした国家間の地政学に埋め込まれているというだけでなく、むしろそれ以上に帝国の植民地主義と深く結びついてきた。一九四〇年代から六〇年代までの空爆のピークとなったのは、日本空爆と朝鮮空爆、ベトナム空爆である。これらはいずれも、大日本帝国の崩壊過程と、その崩壊後の空白で争われていった東アジアの冷戦状況で生じている。二〇世紀の空爆史を通じ、空爆する側は技術力の面で圧倒的な優位に立ち、空爆される側はいつも到底、技術力では空爆する側に有効な対抗手段を持ち合わせてはいなかった。この目も眩む不均衡、本書でいう「非対称的対照性」が、ほぼすべての空爆を特徴づけてきたのである。だから空爆は、植民地主義的メディア行為なのである。

このメディア行為の根本をなしたのは、相手（＝敵）をはるか上空から精密に見下ろし、そのことによって相手を殺すことであった。つまりここでは、空に上昇するテクノロジーと、はるか下方の大地やその上に広がる市街や軍事施設を正確に可視化し、撮影＝記録し、地図化し、その地図上のコードを実際の地上に当てはめていくテクノロジーが決定的に重要な役割を果たした。前者の系列では、気球から飛行機へ、大型ジェット機から人工衛星、またドローンへという流れのテクノロジー上の展開があった。後者の系列では、カメラと写真、測量、フィルム、テレビジョンから人工衛星画像やGPS（全地球測位システム）などのテクノロジーが発達した。

いうまでもなくこの二つの系列は絡まり合っていたわけだが、その絡まり合い方には常に逆相関の関係を相関関係に変えていくような変換方式が作用していた。すなわち、空爆する者の上空での位置が高くなっていけば、常識的には標的に命中する確率は低くなる。地上数百メートルの高さの気球から爆弾を落としてある建物に命中させることは、裸眼でも不可能ではないかもしれないが、数千メートルとなった瞬間、もうそれは不可能である。航空写真と三次元解析、爆弾の軌道についての精密な計算、様々なシミュレーションが必要となる。さらにそれ以上の高さになれば、これはもう光学的に眼差すというよりも、高精細のカメラや電子的な諸技術を使ってテクノロジカルに眼差すことしかできない。逆に言えば、きわめて高度に発達したメディア・テクノロジーだけが、爆撃者のますます高まる位置と地上との距離を超えることができるのである。マクルーハンが見通していたように、「文字文化性の強いアメリカの入植者」たちの末裔は、この視覚的かつ電子的な(この結合を、マクルーハンは見誤った)メディア技術を高度に発達させ、より上空からの空爆において生じる諸問題を解決していくことにとても熱心だった。

そしてこの上空からの可視化に向けられる眼差しは、西洋近代の植民地主義と深い結びつきを持っていた。私はかつて拙著『博覧会の政治学——まなざしの近代』(中公新書、一九九二年)において、一五世紀末、ポルトガルのエンリケ王子から始まって、スペインの征服者たちとその末裔が南北アメリカの「新大陸」の先住民たちを可視化し、分類していく認識論的な諸技術を発達させていったことが、一八世紀末以降のフランスでの博覧会の発達、そしてそれを引き継いだ一九世紀半ば以降の万国博覧会でどのように展開していったのかを論じた。一八世紀末以降の博覧会、すなわち祝祭として近代世界とその帝国の威容を可視化する技術の発達は、上空から大地を可視化していく気球の発達と同時代的な出来事だった。そしてこの時代に、ジョナサン・クレーリーが詳論した「観察者」の諸技術、カメラ・オブスキュラから写真へ、また一九世紀の諸々のスペクタクル的視覚技術への系譜が随伴していたのである。

クレーリーはかつて、これを人間からの眼の離脱、すなわち人間の視覚が「視覚的に認識された世界内での観察者の位置と視覚イメージとのあいだにもはや何の指示対象的関係も存在しなくなるようなさまざまな実践に」取って代わられていく過程の始まりとして捉えた。今日では、観察者の前に何らかの視覚的イメージがあるとしても、それは「何百万ビットかの電子的、数学的データにすぎない」かもしれず、そうした「抽象的な視覚要素と言語要素とが同一形式で扱われ、消費され、流通し、交換されるようなサイバネティクス／電磁的な領域」のなかに、ますます私たちの視覚性は定位されている（Crary 1990＝1997: 14）。しかし、この過程のそもそもの端緒は、カメラ・オブスキュラにおいて観察者が、「機械的（メカニカル）・超越的なかたちで世界の客観性を再-現した像に対する、非身体化された目撃者として存在」し始めたときにあった。クレーリーはミシェル・フーコーが『言葉と物』の冒頭で論じたベラスケスの「侍女たち」についてのあまりに有名な事例に言及しつつ、観察者が表象の秩序から外部に離脱していくこと、すなわち「カメラ・オブスキュラは観察者が自分の位置を表象の一部に繰り込まれたものとして見ることを、アプリオリに妨げる」というきわめて重要な技術的特徴を指摘していた（Crary 1990＝1997: 71）。

　とはいえクレーリーは、この変化が、狭義の技術決定論的な仕方で起きたのではないことにも注意を促していた。曰く、「一九世紀の「リアリズム」や、あるいは大衆的視覚文化のかかる中心的構成要素［ステレオスコープやフェナキスティスコープ］が、写真の発明に先行しており、写真的な手法や、あるいは［複製イメージの］大量生産の技術すら、いかなる意味においても必要とはしていなかった」。むしろそこで浮上していたのは、「身体に関する知の新しい配置＝配列、およびそのような知と社会的権力との構成的関係」で、それらは「観察者としての個人を計算可能で制御しうる存在へと再成形し、人間の視覚を測定可能で、それゆえ交換可能なものに作りかえる」。だからこそ彼は、「一九世紀における視覚イメージの規格化は、ただ単に機械化された再生産の新しい様式の一部としてのみならず、観察者の正常化（ノーマライゼーション）＝規範化と主体化のより広範な過程」の一部をなしたことを強調した(Crary 1990 = 1997: 36–37)。

クレーリーによる観察者についての一連の議論は、空爆における奇妙な不一致、すなわちこのメディア行為によって殺戮されていった人々の悲惨が、その個々の軌跡は詳細にたどれないまでもきわめて明白であるにもかかわらず、彼らを殺戮した爆撃主体の存在が、最後まで曖昧さを残し続けるという不一致の謎を解き明かしてくれる。日本空爆でも朝鮮半島やベトナムでの空爆でも、さらにはイラクやコソボでの空爆でも、あれほどの大量の人々を殺戮していったのは誰だったのかという問いに、具体的な人物を特定して明確に答えることは容易ではない。もちろん、責任者ははっきりしているから責任を問うことはできる。しかし、爆撃手は明確な殺戮の主体であるように見えながら、彼の眼差しが誰の眼差しであったのかが曖昧なのだ。

本書で明らかにしていくように、すでに第二次世界大戦の段階で、B29に乗る爆撃手は、「個人を計算可能で制御しうる存在へと再成形し、人間の視覚を測定可能で、それゆえ交換可能なものに作りかえる」システムの効果として上空から地上を眼差していた。だから問われるべきは、個々の爆撃手の主体性や残虐さではもちろんないし、必ずしも彼に爆撃を命じた軍の意思決定そのものでもない。そうではなく、空爆をめぐる知と技術、社会的権力の構成が問題なのだ。

そして、ここで再び『博覧会の政治学』に戻るなら、一六世紀の航海者たちにとっては、羅針盤や新しい地図製作技術が彼らを「新大陸」に導く知の装置であったのに対し、一九世紀にはむしろ進化論や人類学、様々なオリエンタリズムの知に支えられた分類体系が、写真術や諸々の測量技術と結びついて確立していた。そうした知と技術の複合体の大衆興行版ともいえた一九世紀末から二〇世紀にかけての万国博覧会で、大いに人気を呼んでいたのが「人間動物園」である。帝国の植民地から連れて来られた「未開」の先住民を動物園のように柵で囲い、植民地の集落を再現したかのような模擬集落に住まわせて来場者たちに観覧させるという、度を越えて人種差別的展示が堂々と行われていたのである。この展示は、一八八九年のパリ万博や九三年のシカゴ万博、一九〇四年のセントルイス万博ではかなり大規模に展開され、日本でも一九〇三年に大阪で開かれた第五回内国勧業博覧会で台湾や沖縄、北海道の先住民が柵の向こうに「展示」された。その詳細は拙著で論じた通りだが、ここにおいて、万博来場者たちは柵の向こう側の植民地の先住民を眼差すことで他者化=非人間化し、認識論的に「殺して」いたのである。博覧会の植民地展示が設営し、実装していったのは、帝国による植民地の殺人以外の何物でもなかった。

もちろん、博覧会で植民地の先住民たちは、来場者に眼差されることによって物理的に殺されたわけではない。しかし、このような眼差しの関係は、戦争や紛争が生じると容易に実際に相手の命を奪うこと、殺人や殺戮に転化する。博覧会で観覧者と「展示品」としての先住民の間を分かっていた柵は、空爆においては上空と地上の距離となる。つまり、同じ地上の兵士と兵士、あるいは戦車と戦車の間で交わされる戦闘と、はるか上空から地上の兵営や市街地に向けてなされる空爆では、認識論的なパラダイムが地政学的に異なるのだ。「上空からの眼差し」に曝された地上の人々は、一方的に見られているのであり、見返すことができない。

しかも上空の眼差しは、パイロット自身の眼差しというよりも、高度に技術化された視覚システムが産出する観察者の眼差しである。この眼差しが地上の標的を視るのは、パイロットが裸眼で地上を見るのとはまったく異なり、偵察機による航空写真の撮影や標的情報のデータ化、人工衛星からドローンに至る重層的な監視というように、二〇世紀を通じて高度に発達していく知と技術の視覚体制による「対象＝標的」のシステマティックな構築である。つまり空爆は、近代の長い歴史を通じて発達してきた植民地主義的眼差しの体制の、究極の現在形なのである。

本書の位置づけと構成

以上のように、本書は拙著『博覧会の政治学』の三〇年後の続編である。私はすでに、両者を結ぶような仕方でこの三〇年間に書いてきた関連する諸論文を『視覚都市の地政学――まなざしとしての近代』(岩波書店、二〇一六年)にまとめている。とりわけその終章「戦後東京を可視化する――まなざしの爆発とその臨界」は、本書の直接的な導入であった。この拙論で予告的に触れた論点が、本書では全面展開されており、両者のつながりは解説するまでもない。

もちろん、私はアメリカの空爆と戦後日本における「原子力」の政治、具体的には原子力平和利用博覧会や「ゴジラ」の受容について『夢の原子力 Atoms for Dream』(ちくま新書、二〇一二年)で論じており、戦後日本におけるアメリカニズムの受容についても『親米と反米』(岩波新書、二〇〇七年)で論じてきた。さらに言えば、『博覧会の政治学』と同時期に分析していた東京ディスニーランドの文化政治は、「空爆するアメリカ」の眼差しが戦後日本社会に内面化されていった派生型でもある。だから、本書もこれらの一連の作業の一部であるとも言えるのだが、大きな違いは、これらが基本的に「空爆(=空襲)された側」の、つまりメディア論的には受け手の側の反応にこだわって書いたものであるのに対し、本書はむしろ「空爆する側」、つまりメディア論的には送り手、それ以上にメディア技術自体にこだわって書き進めたという点にある。

それでもなお、私自身の究極の関心は、そうしたメディア技術の作動に対し、その「受け手」ならざる「被爆者」や路上に散乱した死体、劫火の中を生き延びた人々の眼差しや戦術的なふるまい、記憶力や想像力が、どのように偽装を試み、爆撃をすり抜け、悲惨を記録し、記憶し、演じ直していくかにある。終章でも改めて触れるように、第一次世界大戦から日本空爆(同時にドイツ空爆)や朝鮮空爆までを空爆の第一期、ベトナム戦争での挫折から湾岸戦争やコソボ空爆を経てアフガニスタンやイラクへの空爆までが第二期とするならば、グローバルなメディア環境の変化を経て、私たちがウクライナの戦争で今、目の当たりにしているのは、これらのいずれとも異なる新しい段階であるのかもしれない。

ごく最近まで、地上の人々は、物理的に地上から、空爆する上空の点のような爆撃機を眼差し、そこから落とされる無数の爆弾を逃れようと地下に潜るしかなかった。しかし今、誰もが携帯するスマートフォンは、すでに人工衛星の視界を獲得し、大地で何が起きているのかを観察している。人々は、地上で彼らが記録した破壊の風景をリアルタイムで越境的に共有している。つまり今、空爆をめぐる劇場の構造が大転換を遂げているのである。この変化の意味を理解するには、やはり我々は二〇世紀の空爆史をたどり直していかなければならない。

序章を終える前に、本書の構成を簡単に説明しておきたい。繰り返しになるが、本書の副題の「メディアと戦争」が意味するのは、「戦争についてのメディア言説」ではなく、あくまで「メディア技術としての戦争」である。つまり本書は、第一次世界大戦期に始まり、今日まで続く空爆の歴史を、メディアの歴史として捉えている。その場合、「空爆する眼差し」はベトナム戦争後に大きな転換を経る。つまり、第一次世界大戦からドイツ空爆や日本空爆へ、そして朝鮮空爆とベトナム空爆へという流れは連続的なのだが、その後に空爆の技術体制は大きく変化する。前者の空爆で、規模や効果が圧倒的だったのは、もちろん日本と朝鮮半島への、つまり旧大日本帝国への空爆であり、後者は湾岸戦争からアフガニスタン空爆までを貫く。そこにおいて空爆の主役となるのが、人工衛星からの眼差しと無人のドローンによる爆撃である。本書では、第1章と第2章で主に第一次世界大戦期からベトナム戦争までの空爆史を扱い、第3章と第4章ではドローンに照準しながら「上空からの眼差し」の変容について考えていく。

全体を通じ、私は一九四四年から四五年にかけて日本空爆で起きたことが、朝鮮空爆やベトナム空爆だけでなく、アフガニスタン空爆やウクライナでの空爆も含め、「空爆する眼差し＝メディア」が孕む問題を問い返すための特権的な糸口になると考えており、本書では繰り返し日米戦末期に日本列島で、あるいは戦地で起きたことに立ち返っていくだろう。本書を通じ、この戦争末期に、アメリカが日本とはまるで違う次元の眼差しをすでに実装していたこと、そしてこの対照性は、身体を技術によって代替する「ドローン」と、技術を身体によって代替した「カミカゼ」の、目も眩むような非対称的対照性でもあることを確認していくだろう。

第1章　日本空爆——上空からの眼差しの支配

上空から東京を焼き尽くす

一九四五年三月九日から一〇日にかけての深夜、大東京の人々が寝静まっていた頃、新型のナパーム焼夷弾M69約三八万発、一七八三トンを搭載したB29約三〇〇機が、低高度で東京湾上から都心東部の人口密集地域に侵入した。この大規模な爆撃機団の目的は、日本の軍需工業の基盤となっていた下町の町工場を周辺住区もろとも焼き払うことだった。日本のレーダーは、低高度で迫るこれほど大編成の部隊の侵入を察知することができなかった。

こうして東京は、「突如」来襲した爆撃機から降り注ぐ無数のナパーム弾の餌食となった。最初の爆弾が深川、本所、浅草、日本橋に投下され始めたのは午前零時八分、ようやく空襲警報が鳴り始めたのはそれから七分後だった。警報もなく、寝静まった深夜、低空で来襲した巨大爆撃機群から数十万発のナパーム弾が豪雨のように投下されていったのである。空爆は、まもなく芝、上野、神田、麴町など都心全域に広がり、大東京の心臓部を劫火で焼き尽くした。

このナパーム焼夷弾は、三年前に開発された新兵器で、六トンの爆薬で市街地一平方マイルを焼き尽くし、約九万人の住民にダメージを与えるとされていた。この爆弾は、それまでの空爆に使われてきた爆弾とは異なり、主燃焼素材のナフサにナパーム剤と呼ばれる増粘剤を添加してゼリー状にしたものを充塡しており、きわめて高温で燃焼して家も人も広範囲に焼き尽くすことができた。（その非人道性から、今日では公式には使用が禁止されている。）後にベトナム戦争の空爆で使われたのがよく知られ、フランシス・コッポラ監督の映画『地獄の黙示録』にも描かれたが、同質のものが東京空爆でも用いられていた。この爆薬一七八三トンを積んで来襲したB29三〇〇機は、すでに制空権を失い、無防備化していた東京で、潜在的には約二七〇〇万人を殺傷できたはずである。この数は、現在の東京都の全人口よりも多く、首都圏総人口の三分の二ほどに当たる。米空軍は、たった一度の空爆で、ほとんど全東京都民を焼き殺すことができるだけの殺傷能力を、すでに一九四五年の時点で保有していたのだ。

三月一〇日、夜明けにはまだ時間があり、真っ暗の東京で、下町の至るところから火の手が上がり、都心全域が劫火で焼き尽くされた。運の悪いことに、この夜、激しい北北西の風が吹いており、火の海をさらに広げた。風が火を呼び、火が風を呼び、あちこちで乱気流が渦巻き、灼熱の竜巻となり、逃げまどう人々は黒焦げの死体となっていった(**図1-1**)。

そして実は、この「運の悪さ」は、米軍が最初から計算していたことだった。米軍は気象予報で、この日の東京は風が強く、延焼効果が高いことを知っており、だからこそ殺戮効果を高めるためにこの日を選んでいたのだ。実際、綿密な計画通り、米軍機による空爆はわずか約二時間であったが、被害は死者約一〇万人、罹災者約一〇〇万人に上り、火災はほぼ丸一日続いて東京は廃墟と化した。焼失地域は四一平方キロメートル、東京区部の三分の一以上である。わずか二時

図 1-1　3 月 10 日の東京空爆で，墨田区本所付近を逃げまどっていた人々の焼死体(石川・森田写真事務所編 1992: 86-87)

間の空爆で、世界最大級の大都市が壊滅し、一〇万人もが焼き殺されたのである。後年の映画『ゴジラ』の想像力はここから来るわけだが、米軍側はといえば、陸軍航空軍司令官のヘンリー・アーノルドはワシントンから空爆を指揮したカーティス・ルメイに打電をし、これは「単独の敵国による単一攻撃でもたらされた軍事史上最大の壊滅的損害であり、歴史上かつてない多くの人的損害を与えた軍事行動」だとして、彼らが「何事をも成し遂げうる胆力を示してくれた」ことを喝采した(Neer 2013 = 2016: 154)。たしかに広島の原爆投下を除くなら、今日に至るまで、一度の空爆で「東京大空襲」以上に甚大な被害を相手国に与えた例は存在しない。

工藤洋三によれば、本格的な東京空爆以前にナパーム焼夷弾による爆撃が行われていたのは名古屋と神戸である。名古屋では一九四五年一月三日、爆撃の効果を測定するのを目的とした実験的な空爆が行われた。しかし、白昼に実施されたこの空爆では、爆撃を受けて燃え上がる建物からの煙で市街上空が覆われてしまい、爆撃の効果を正確に測定できなかった。そこで、同じ実験目的で二月四日に神戸への空爆が実施される。実験対象に神戸が選ばれたのは、「背後に山が迫った特異な地形や、市街地の面積が大都市の中では比較的狭く試験に適していること、さらに東京や名古屋から離れた都市を選ぶことによって日本側を牽制する狙いもあった」という(工藤 2015: 32)。しかしこの空爆も、翌日以降、爆撃の効果を測定するために派遣された偵察機の検証によれば、目的とした効果を挙げられたわけではなかった。そこで米軍は二月二五日、三回目の実験的な空爆を今度は東京都心に対して行うこととなった。

この爆撃も白昼行われ、照準となったのは神田、浅草、本所、深川の下町一帯である。ここでの重大な方針転換は、爆撃の照準点を対象地域全体に拡大したことだった。つまり、これらの地域内の特定の軍需工場や基地を照準とするのではなく、四地区全域を照準としたのである。当然、そこには膨大な一般民間人が居住していたわけで、それらの人々全体が、焼き殺されるべき「照準」に指定されたのだ。米軍側からすれば、照準を絞り込んでも、なかなかそこにどれだけ効果的な爆撃ができたのかが計測できない、ないしは十分な効果を実証できないでいたので、「照準」そのものを一挙に拡大してしまえば、当然ながら効果の計測も容易になり、大きな「効果」も期待できるはずだった。これは巧妙かつ残忍極まりないトリックだったが、米軍としては目に見える「効果」を「実証」できることが必要だった。

折しもこの日の東京は青天で、しかも積雪していた。航空写真には絶好の条件である。そのため、偵察機は空爆後の東京下町一帯の高精細な航空写真を撮影し、これが東京空爆による損害計算に非常に有益なデータを提供していく(**図1-2**)。そしてこの計算は、「大規模な焼夷空襲に対する東京の脆弱性を決定的な形で証明」する(工藤 2015: 38)。すでに述べた三月一〇日の大規模空爆は、このような事前の実験やデータ解析を経て実施に移されたものだった。後にレイ・チョウは、現代の視覚技術によって世界は表象と化したというナチス政権下でハイデガーが語った議論に言及しつつ、「爆撃の時代に世界は標的へと転換され、本質的に標的として理解され捉えられるのだと言えるかもしれない。世界を標的として把握するということは、世界を破壊すべき対象物として捉えることに他ならない」と した(Chow 2006=2014: 50-51)。米軍の一連の行動は、この指摘が細部

図1-2　2月25日の空爆後，2月27日に米軍によって撮影された上野一帯上空の写真．黒くなった部分が焼き払われた(工藤 2011: 67)

に至るまで完璧に当てはまることを示す。

こうして米軍は三月一〇日の東京への大空爆を完遂するのだが、それ以後も、米軍による空爆は続いた。そもそも東京空爆は、一九四四年一一月に始まり、同一二月に三回、翌年一月に七回、二月に一二回、三月に八回、四月に一七回、五月に一二回、六月に九回、七月に一六回、八月前半に九回と、総計百回近くに及んだ。一九四五年三月以降に絞ると、東京はほぼ数日に一回は空爆を受け続けていた。なかでも激しい空爆は四月から五月に集中しており、四月一三日深夜にB29三三〇機が豊島、渋谷方面を空爆し、焼失家屋約二〇万戸、死者約二四〇〇人、翌一五日深夜には同二〇〇機が大森・荏原方面を空爆し、焼失家屋約七万戸、死者約八四〇人、五月二四日未明にはB29五二五機が麴町、麻布、牛込方面を空爆して焼失家屋約七万戸、死者約七六〇人、翌二五日にはB29四七〇機が中野、四谷、牛込、赤坂方面を空爆し、焼失家屋約一七万戸、死者約三六五〇人を出した。これらの空爆で、東京市街地の五〇％以上が焼け野原となり、米軍はもはや東京には焼き払うべき建物はなくなったと判断する。

五月末以降は、散発的な東京空爆はあるものの、空爆の主要な照準はむしろ地方都市へと向かう。すでに地方都市での空爆は、三月一〇日直後から始まっており、まず対象となったのは、実験的な空爆を終えていた名古屋だった。三月一二日、二〇〇機を超えるB29が名古屋の中心市街地を空爆した。この無差別爆撃も深夜に行われ、家屋は約二万五〇〇〇棟が焼け、罹災者約一〇万人を出した。しかし、東京空爆の情報がすでに伝わっていたのか、各航空団で爆撃のタイミングがずれ、地上側に避難や消火の余裕が生まれたためか、死者は五〇〇人余りと意外に少ない。

米軍はこの損害を不十分と考えてか、七日後の一九日にもB29二三〇機による空爆を行い、死者約八〇〇人、焼失家屋約四万棟、罹災者約一五万人の被害を出している。他方、同じく実験的な空爆を終えていた神戸も三月一七日に本格的な空爆を受け、その後も五月一一日、六月五日の計三回の空爆で、神戸市全域が壊滅した(工藤 2015: 76–77)。

並行して、三月一三日から一四日にかけてのやはり深夜、大阪もB29二七四機による大規模空爆を受け、四〇〇〇人以上の命が失われている。東京空爆と似て、難波や心斎橋は猛火に包まれ、人々は逃げ場を失った。大阪では、その後も六月一日、七日、一五日、二六日、七月一〇日、二四日、八月一四日と、六月から七月にかけて集中的な空爆が続き、これらの空爆を通じて一万人以上の命が失われた。このように、東京、大阪、名古屋、神戸、横浜などの日本の主要都市は軒並み米軍の激しい空爆を受けたわけだが、その集中的な爆撃が始まるのが、三月一〇日の「東京大空襲」だったわけである。したがって、第二次大戦末期の日本空爆を全体として捉えるなら、三月一〇日から一週間ほどの間になされた東京、名古屋、大阪、神戸、横浜などの無差別爆撃を連続的な出来事として理解しておく必要がある。

B29という巨大プロジェクト

一九四五年八月一五日まで、どれほど苛烈にこの米軍空爆が日本列島を焼き尽くしていったかについては、すでに多くの記録と証言、考察がある。それらを貫いて語られてきたのは、これらの空爆のほぼすべてが、「B29」というたった一種類の爆撃機によってなされたことである。生井英考は、第二次大戦を通じて軍用機の世界に起きた一大変革は、「大型化・高速化・長距離化」であったと論じている(生井 2006: 129)。そして、この三つを代表したのが、B29の開発だった。この開発には、「マンハッタン計画」に注ぎ込まれた二〇億ドル以上の三〇億ドルが使われたというから、米軍がこの爆撃機の戦術的意味をいかに重視していたかがわかる。

B29は、両翼長約四四メートル、全長約三〇メートルと、先行するB17の約一・四倍の巨大な爆撃機だった。全幅は、戦後のボーイング737などよりも大きく、操縦士、副操縦士の他に、航法士(現在地や針路の測定を担当)、爆撃士、無線士、レーダー手など、専門化した搭乗員計一一人が乗り込んでいた。「将校らおよそ半数が前部に乗り、中央部におよそ五〇〇〇ポンド(二・二六トン)の爆弾が搭載され、残りの下士官が後部と尾部にそれぞれ分かれて乗り組むという構成を見ただけでも、この新型機がパイロット個人の技倆に頼るそれまでの航空戦の常識とは違って、厳密に縦割りされた組織力を訓練して運航されるものであることがわかる」と生井は書いている(生井 2006: 184)。しかも、同機は機内の気圧を一定に保つ与圧装置を備え、高度一万メートルを飛行することができたから、これを日本の戦闘機が迎撃することは実質的に不可能だった。日本の戦闘機は、熟練のパイロットでなければこの高度に達することすらできず、交戦しても一度が精一杯だった。こうして米軍は爆撃機を巨大化させ、その高度を遥か上空に引き上げた。その結果、「従来ならすさまじい衝撃と火薬の破裂音に耐えて機銃を操っていた射手は、一変して無人の機銃座に指令を送るオペレータ業務に徹することになった」(生井 2006: 185)。

したがって、第二次大戦の段階ですでに、米軍機における乗組員と空爆の関係は決定的に変化していた。Ｂ29では、機内の離れた場所に乗組員が配置されたため、彼らの会話はすべてインターカムを通じて行われ、それぞれが異なる状況で自分の業務をこなした。それ以前は戦闘機や爆撃機に一般的だった乗組員間の体験の共有は失われていたのである。とりわけ「航空機関士、無線士、航法士、レーダー手の席には窓もなく、ひたすら計器類を前にする航空機械の部品となっていた。戦争の機械化と無人化――つまりロボット化――は現代の戦争テクノロジーがめざしてやまないところだが、その最初の具体的な表れのひとつはこのＢ－29の開発にある」というわけだった(生井 2006: 186)。だから、一九四五年三月の東京空爆において、これらの機関士たちは眼下で東京が燃えていく様子を見てはいない。それどころか、操縦士たちですら、指定されたプログラムに従って機械を操作したままで、自分の行為が地上の無数の人々、その人生にいかなる運命をもたらすかなど知りようもなかったのである。

そして、この東京空爆を含む第二次大戦末期の無差別爆撃を指揮した人物が誰であったかは、すでによく知られている。カーティス・ルメイ――前任者のヘイウッド・ハンセル准将の後を受け、三八歳で日本空爆の指揮官に抜擢された人物で、実戦経験は乏しかった。それでも彼が日本空爆の指揮官に抜擢されたのは、ヨーロッパ戦線でドイツに夜間爆撃を実施して大きな戦果を挙げていたからだった。ルメイは前任のハンセルが事実上の無差別爆撃となる夜間爆撃や、その爆撃にナパーム焼夷弾を使用することを躊躇(ためら)っていたとされる方針を転換し、すばやく数字に残る戦果を挙げるため、積極的に夜間に低高度から大量のナパーム焼夷弾を落とす爆撃を実行に移していった。ルメイでなければ無差別爆撃がなかったのかには疑問が残るが、ルメイがこの方向を推進したのは疑いない。その典型が、前述の一九四五年三月一〇日の「東京大空襲」である。

この方針転換の結果、一九四五年の日本列島では、すでに日本の敗戦は時間の問題だったにもかかわらず、前述の大殺戮の「空爆実験」が大々的に実施されていくことになった。そして後に一九六四年、かつて莫大な数の日本人の無差別大量殺戮を推進した張本人であるこの米軍人は、佐藤栄作内閣の決定により昭和天皇から勲一等旭日大綬章を授与されている。

ルメイはしかし、勇敢で獰猛な戦場の軍人というよりも、組織の諸課題をすばやく処理する能力に優れ、目に見える成果を出すことに集中するタイプだった。当時の米軍は、大戦を通じて「複雑で巨大な戦争機械(ウォー・マシーン)と化した軍事機構を能率的に動かすための具体的で実践的な管理運用(オペレーション)能力に長じた中堅管理者」を必要としていた。なぜならば、軍事技術の高度化や戦域の世界化により、前線指揮官からワシントンの戦略立案者まで、様々なレベルの関係は複雑化、広域化していた。この大規模な複雑さに対処するには、マネジメント能力のある人物が必要だった。こうして「目の前の業務を効率的に仕上げるために組織を運用する実践的な技術」に秀でていたルメイに白羽の矢が立てられる(生井 2006: 192)。重視されたのは、戦場での実戦経験ではない。むしろ諸問題を体系的にすばやく処理していく実務能力だった。

その後の証言によれば、ルメイは自分の決定が、莫大な数の日本人の命を奪うことになるのをほとんど気にしていなかった。彼が優先していたのは、B29による爆撃の成果を数字で出すことだった。このことは、彼がとりわけ残忍な人物であったからというよりも、彼の司令官への抜擢が、B29の大編隊を擁しながらなかなか戦果を挙げられずに米軍内部で追い詰められていた航空軍の組織防衛という内部事情によるもので、彼はその要請に何が何でも応えなければならないというプレッシャー下にいたことが大きいだろう。その際、実戦経験の乏しいルメイは、生々しい戦場についてのリアルな想像力を欠如させており、そのため自分のすることがどれほど恐ろしい結果を生むかを深く考えずにすんだ。実戦経験の乏しさが、むしろ有用だったのだ。実際には、夜間の低空からの焼夷弾投下で膨大な人々が「効果的に」焼き殺されていったわけだが、ルメイからすれば、それは数字を上げるために最も効率的な方法としか見えていなかった。

写真偵察機F13からの視線

つまり、ルメイは自分たちが上空から焼き殺していくことになる日本人に目を向けてはいなかった。彼が注視していたのは、空爆の「成果」として上司に報告されていく数字だった。そして、実際に爆弾を投下したB29の乗組員たちも、機関士たちは窓のない操作室にいたので眼下の風景を見ていたわけではなく、操縦士たちにしても、巨大な機体からはリアルな戦場を想像するのは困難で、指示に従って正確に爆撃を実施していただけだった。

それにもかかわらず、B29からの数多の空爆で注目すべきは、爆撃の正確さである。米軍機は、精密に爆撃目標を特定し、その地点を目がけて大量のナパーム焼夷弾を投下した。だから、たとえば三月一〇日の約二週間前、米軍が初めてナパーム焼夷弾を大規模に使用した二月二五日の空爆では、攻撃目標には神田、浅草、本所、深川などが含まれていたが、天候の影響があり、甚大なダメージを与えたのは神田だけだった。米軍は空爆のこの結果を確認し、二週間後の三月一〇日の空爆では、すでに効果を挙げた神田を爆撃目標から外し、代わりに日本橋を入れ、他方で浅草や本所、深川は再度空爆することにより目標を達成していった。そして、これらの地域が焼き尽くされると、爆撃目標を品川以南に南下させていったのである。

もはや勝敗は決し、無条件降伏は時間の問題だった大戦末期、このように日本の諸都市はアメリカの軍事技術の効果を試す恰好の実験場となっていた。つまり、空爆は二〇世紀初頭には主として植民地の反乱勢力に対する威嚇として用いられていたが、第二次大戦勃発と共に軍の航空部門と航空機関連産業の高度な結合が進み、「上空からの眼」こそが軍事的な可視化と敵地への攻撃を一体化させる中枢となっていたのである。こうして、東京や広島、長崎の数十万の人々を無差別殺戮することで試された空爆技術は、その後の朝鮮戦争やベトナム戦争から湾岸戦争、イラク戦争やアフガニスタンへの空爆までつながる歴史の出発点となるのである。日本占領とアフガン占領やイラク占領は、占領政策以上に空爆技術において連続する。まったく異なったのは、占領終了後に生じた社会的結果のほうである。

それにしても、第二次大戦の時点で、この空爆能力を可能にしたのはいかなる技術であったのか？　実は、ここで決定的な役割を果たしたのが、F13と呼ばれた写真偵察機であった。F13の機体はB29を改造し、数種の大型カメラを装備していた。第一は、地上の三〇〜五〇キロ平方の比較的広い範囲を撮影するトライメトロゴン用カメラ三台である。「トライメトロゴン」というのは地図製作用の技術で、中央のカメラは下方、左右のカメラは水平面から三〇度傾け、各カメラで撮影された写真をカメラの位置を光源として水平面上に投影することで正確な地図を作製できた。第二に、Ｆ13は同じ範囲に照準して鉛直軸からわずかに傾く二台のカメラも装備していた。これらのカメラで約三キロ平方を撮影し、そのフィルムを合成して地上の地形の高低や建物の高さを計算し、それらの凹凸を立体視できる写真が出来上がった。さらに、この二台よりも広い範囲を直下で撮影するために、もう一台の直下撮影用のカメラも搭載されていた。これらは昼間撮影用のカメラであったが、さらにＦ13には夜間撮影用のカメラも載せられ、照明弾とセットで使用された。偵察機はまず照明弾を投下し、地上近くで照明弾が発光すると、その光を光電管が感知して磁石式のシャッターが切られる仕組みになっていた(工藤 2011: 11-21)。

このＦ13が、東京上空に最初に飛来したのは一九四四年一一月一日のことであった。午後一時頃に房総半島から東京に侵入し、東京近郊の航空関連工場、京浜の軍需工場や横浜近郊の海軍施設を撮影した。その後もＦ13は、一一月に二七回、一二月にも二七回出撃し、東京と名古屋を上空から精密撮影した。これらによって、すでに東京は、敗戦の一年近く前から「占領」されていたようなものである。たとえば、一一月七日に撮影された中島飛行場武蔵野製作所の写真と、四五年八月八日に行われた同製作所の空爆の結果を比較すれば、撮影された膨大な数の航空写真が、その後の日本空爆でどれほど大きな役割を果たしていたかが一目瞭然である(図1-3)。

Ｆ13は、写真撮影だけでなく気象観測や海洋のレーダースクリーン画像作製も行った。前述した三月一〇日が、風が強く爆撃の効果がきわめて大きくなることを予測できたのも、Ｆ13による観測の成果であった。これらを総合すると、写真偵察機Ｆ13は、今日の地球周回軌道上の軍事衛星や観測衛星の原型であったと言えるだろう。

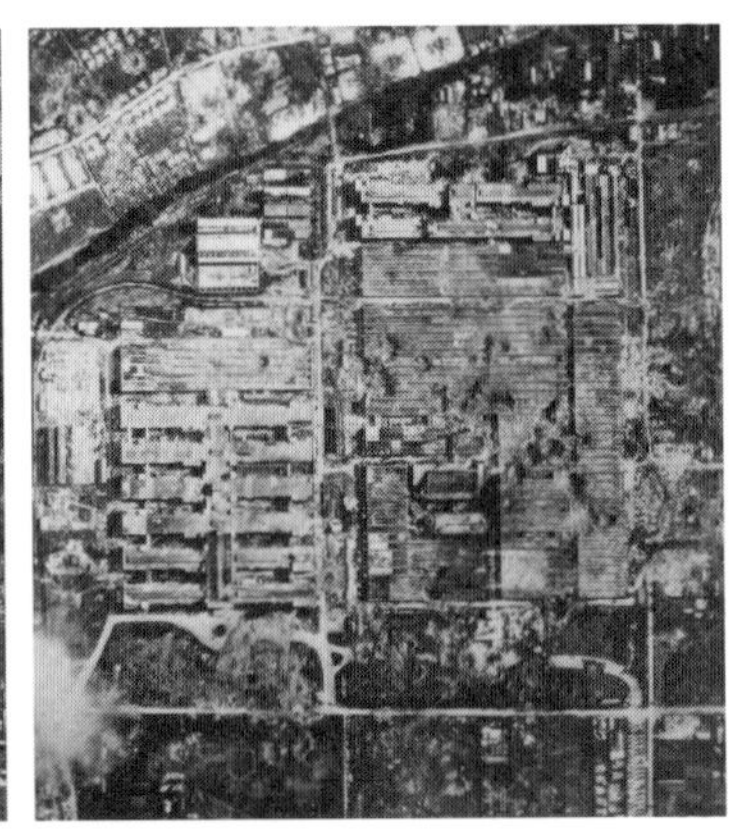

図 1-3 44 年 11 月 7 日に撮影された中島飛行場武蔵野製作所(左)，45 年 8 月 8 日に行われた同製作所の空爆の結果(右)(工藤 2011: 36–37)

一九四四年から四五年にかけての頻繁な飛行で撮影された膨大な枚数の航空写真は、サイパンにあった米空軍第三写真偵察隊で現像され、システマティックな分析と地図や模型の製作が進められていった。同隊は、一九四五年五月には隊員一〇〇〇人を擁する大部隊に膨れあがっていたというから、F13の写真が米軍の日本空爆でいかに重視されていたかがわかる。撮影されたフィルムにはまずネガの段階で整理記号が印字された。その上でプリントされたが、それらはどの地域を撮影したものかが検証され、地図と写真の対応を示す評定図が作製されていった。同時に専門チームが写真を判読し、様々な情報が引き出されていく。さらに、空爆の目標地域全体を覆うことのできる写真を一枚のネガから得るのは難しかったので、複数の写真を貼り合わせて全体を俯瞰する写真を作製するチームも存在した。

こうした一連の作業で特筆に値するのは、偵察写真に基づく模型製作である。当時の米軍では、偵察機から得られた航空写真を用いた大型模型製作の技術が進んでいた。日本空爆では、F13偵察機が撮影してきた写真を使って日本各地の模型が製作される。そうして基地内のスタジオで製作された関東地方の大型模型は、ハリウッドの戦争映画の撮影セットを連想させた。実際、米軍内では、クレーンに映画撮影用のカメラを載せ、B29の爆撃経路に沿って撮影することにより、B29搭乗員に実際の任務を疑似体験させる映像を製作していたという。米軍基地にはディズニーランドがあったというと言い過ぎだろうが、ハリウッドの映画技術と偵察機による日本列島の撮影は、深いところで結びついていた。

日本列島はB29空爆の実験場

米軍が日本空爆で技術開発を進めたのは、B29の機体やF13による航空写真だけではない。爆撃の効果を正確に予測し、その結果を検証する仕組みも発達させていた。工藤洋三が参照する一九四三年一〇月に策定された『日本——焼夷攻撃資料（*Japan—Incendiary Attack Data*）』によれば、彼らは日本の二〇都市を空爆対象として選定し、それらの都市を焼き尽くすのに必要な焼夷弾の量を計算していた。そのため、各都市の構造、建物配置、焼失可能性、人口密度等についてのデータが集められ、対象地域が三種の焼夷区画にゾーニングまでされていた。

すなわち、焼夷区画一号は「労働者の住宅や商店街が密集していて都市の最も燃えやすい区画」で、具体的には、一平方マイル当たり九万一〇〇〇人以上の人口、五〇〜八〇％の屋根面積を持ち、市全体の人口の約四分の一を含み、「完全な破壊のために一平方マイル当り六トンの焼夷弾を必要とする」ことなどが指標となった。これに対して焼夷区画二号は、「これに次いで比較的燃えやすい区画」で、「ドックと倉庫地区、多くの工場地域」を含んでいた。この区画に関しては、一平方マイル当たり五四〇〇人以上の人口、三〇〜五〇%の屋根面積を持つこと、市全体の人口の四六%を含むこと、さらに「完全な破壊のために一平方マイル当り一〇トンの焼夷弾を必要とする」ことが指標とされていた。これらに対し、焼夷区画三号は「燃えにくく、焼夷弾攻撃に不向きな区画」である。当然ながら、空爆は東京でいえば下町一帯に代表されるような焼夷区画一号に集中していくことになるのだが、ポイントは、こうしたデータに基づく分析が、「都市の一部に火災を発生させることではなく、最新の消防設備をもってしても制御できない大火を発生させ都市全体を焼き払うこと」を目的としていたことだった(工藤 2015: 5)。

このような対象地区選定には、同時代の都市社会学などの知見が応用されていたとも考えられる。米国内でB29のための空爆実験を先導していたのは、インディアナ州パデュー大学で化学教授だったレイモンド・H・イーウェルらだが、彼らは焼夷区画を三つに分ける作業を、都市を同心円状に四つの帯に分けるモデルから出発させていた(図1-4)。すなわち、第一ゾーンは、多くの耐火建造物のある中心商業地区である。第二ゾーンは、労働者居住区、商店、多くの大小の工場、倉庫から成る地域であり、ここが人口密度も高く、「極めて燃えやすい」と考えられた。第三ゾーンは中流家庭居住区で、近隣商店街を多く含むこのゾーンも「かなり燃えやすい」。さらに、第四ゾーンは郊外で周辺に工場地区、住宅団地などもあり、ここもまた「中程度に燃えやすい」とされた。要するに、日本の都市のほとんどの地域は「燃えやすい」わけで、空爆にはう

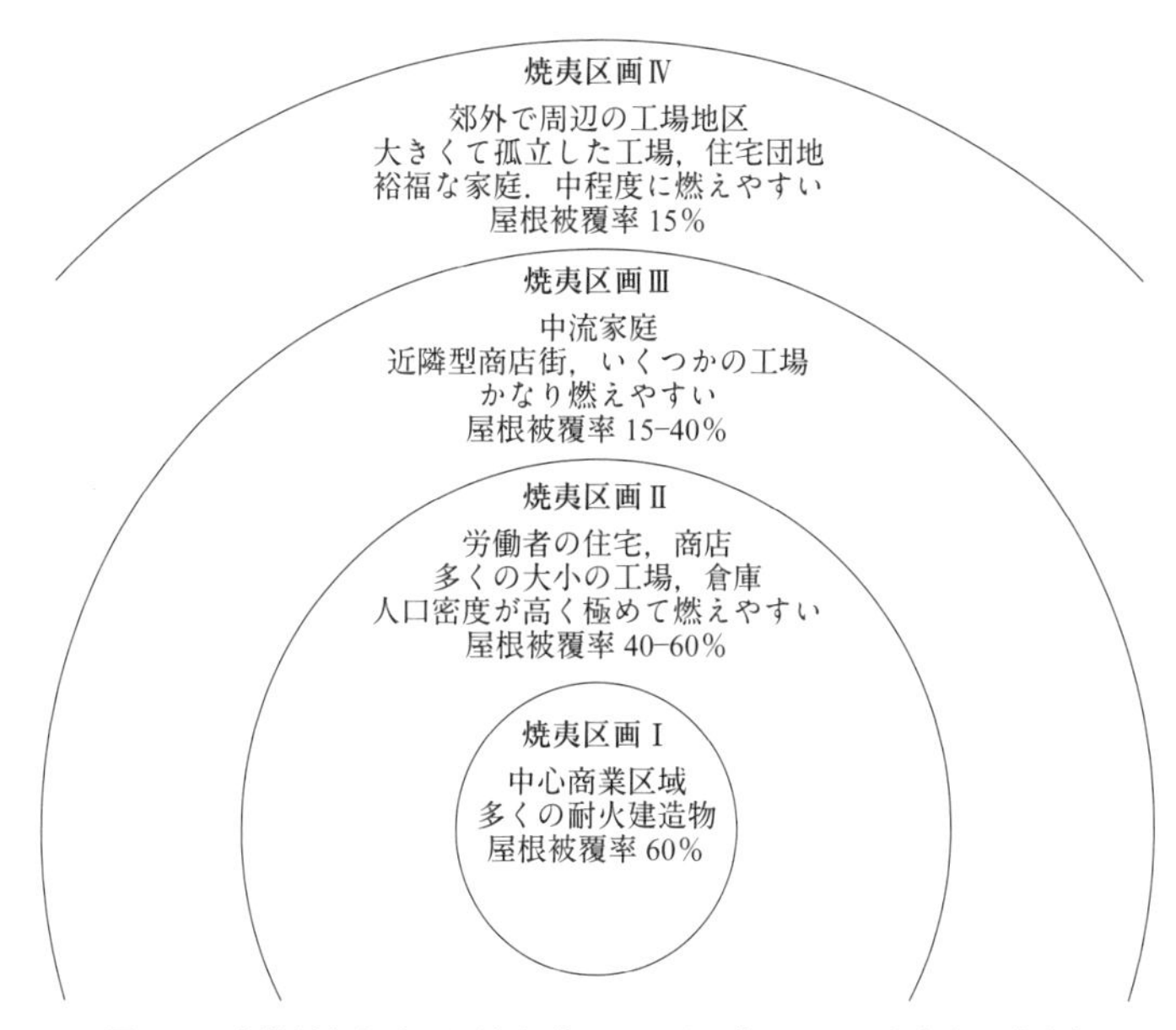

図 1–4　空爆対象都市の同心円状モデル（工藤 2015: 3 をもとに作製）

ってつけだった（工藤 2015: 3）。

工藤洋三が詳細に検証したように、この作業の前提をなしたのは英空軍によるドイツ都市への空爆計画であったから、このゾーニングの考え方の起源は、さらに一九世紀ロンドンでの都市科学にまで遡れるのかもしれない。しかし少なくとも、一九四〇年代初頭にイーウェルらが考えていた日本の空爆対象都市についての同心円地帯モデルと、二〇年代半ばにシカゴ派都市社会学者たちによって定式化されていた都市の同心円地帯モデルの相似は明白である。大戦間期のシカゴ大学での社会科学の発展と第二次大戦での知の総動員の関係には検証されるべき点が残されている。

このゾーニング作業では、一九四〇年の国勢調査結果が利用され、地区ごとの精密な人口密度が算出されていた。日本の国勢調査は一九二〇年に始められ、五年ごとの簡易調査と一〇年ごとの大規模調査が重ねられてきた。一九四〇年は大規模調査の年で、米軍は日本側の調査結果から日本空爆のための詳細データを得ることができたわけだ。これに加え、米軍は日本の諸都市での火災保険データも入手していたから、家屋の保険料から地区ごとの「燃えやすさ」を算出することもできた。これと航空写真から得られる建築物の構造や防火帯についてのデータを総合すれば、各地区でどのくらいの焼夷弾を投下すれば、どのくらいまで火災が広がるかを統計的に予測することができた。工藤によれば、こうした包括的なデータに基づき、米軍は空爆によって猛火が地域全体に広がるプロセスについてもシミュレーションを行っていた。それによれば、「まず民間人による初期防火の段階で、消防自動車など専門の消防設備なしには消すことができない火災をアプライアンス火災(appliance fire)と定義し、この火災の数を焼夷空襲計画の指標とした。次に、組織された消防隊による消火作業にもかかわらず残る火災を余剰火災(residual fire)と呼んで、この余剰火災を十分な量発生させることができれば、消防隊の能力を超えて、制御不能な大火を発生させ都市を焼き払うことができると考えた」(工藤 2015: 1)。

さらに工藤は、日本の都市に対して無差別の空爆をする提案が、イーウェルから一九四四年一〇月一二日の時点でなされていたことを突き止めている。日本空爆を、軍需産業施設に対する通常爆弾を使った精密爆撃を中心にし続ける軍の公式方針に不満だった彼は、この日、米政府研究開発局の委員長で、コンピュータ科学の創始者であると同時にマンハッタン計画の推進者でもあったヴァネヴァー・ブッシュに書簡を送り、日本空爆は精密爆撃にこだわる必要はなく、都市全体への焼夷弾爆撃に方針転換すべきであるとの主張を伝えた。ブッシュはこのイーウェルの提案に同意し、これが陸軍航空軍司令官のヘンリー・アーノルドに伝えられたという。ブッシュはもちろん当時の科学界の権威であり、アーノルドはこの考えに従って、やがて精密爆撃にこだわるハンセルを左遷し、ルメイを指揮官に据えていくことになる。

ルメイが日本空爆の指揮官に着任するのは四五年一月二〇日だから、イーウェルの提案はそれより三カ月も早い。そうすると、ルメイはブッシュやアーノルドの考えを忠実に実行しただけであり、そもそものアイデアはアメリカ本土の実験場で、科学的な実験をそのまま実戦に応用していこうとする科学者の願望から始まっていたことになる。もちろん、ブッシュは広島・長崎への原爆投下への導線を引いていった人物でもあったから、二〇世紀におけるコンピュータ科学の誕生と広島・長崎、それに東京での大量殺戮は重層的に結びついていたわけである。

実際、ロバート・M・ニーアによれば、ブッシュはアメリカの対日戦以前から戦争は不可避的であり、学と軍の緊密な連携が必要と考え、そのことをルーズヴェルト大統領に直言していた。大統領はブッシュの提案を受け入れ、彼を中心に国防研究委員会が組織される。この委員会は大統領直属で、既存のアカデミズムや大学の秩序を出し抜いていた。当然、旧来の学会の権威は不満を燻ぶらせたが、ブッシュは裁量権を与えられた巨額予算によってMITからハーバード大学、カリフォルニア大学、プリンストン大学などまでのトップユニバーシティと、それらに関連する民間企業を組織し、大学の最優秀の頭脳を軍事開発に動員する大規模な体制を作り上げた。こうして原爆からナパーム弾までの諸々の兵器開発が急ピッチで進められたのである(Neer 2013＝2016: 24–28)。日本空爆は、このようなきわめて高度な産学官連携の科学技術研究体制の所産である。つまり、日本空爆の残忍さは、ルメイの凶暴かつ小心な出世欲によるという以上に、もっとはるかに冷徹に組織された科学的知性の結果と考えるべきなのである。

ちなみにこの戦争への関与以前、ブッシュはMIT副学長として、同大学の教育改革にも関与していた。そこで彼は、MITの教育課程に大胆にリベラルアーツ教育を導入、MITを工学系専門学校から総合大学に大転換させている。この大学改革は、同時代に航空工学者・和田小六が推進した東京工業大学の教育改革に大きな影響を与え、戦後、同大学は他大学に先駆けてリベラルアーツ教育を導入していく(吉見 2021: 101–106)。そして、このブッシュの大学改革は、彼と共に原爆開発に従事する化学者のジェームズ・コナントがハーバード大学学長として推進した同大学の改革にも通じていた。一九三〇年代の理系執行部による果敢な教育改革と四〇年代の軍事研究体制の推進に本当に連続性がないのか、気になるところである。いずれにせよ、明晰な知性の持ち主だったブッシュは戦後、自分の決定が膨大な数の日本人を焼き殺す結果になったことについてトラウマのような自覚を持ち続けたという(荒井 2008: 131)。

「上空からの眼差し」の発達——気球と飛行船

しかし、コンピュータ以前に、そもそも近代初期から戦争と視覚装置は幾重にも結びついていた。たとえばカレン・カプランは、第二次大戦期に本格化した上空からの可視化技術と空爆の結合が、単に戦争での攻撃力という次元を超えて、近代社会における権力の作動にとって根幹的な地平を高度化させたものだったことに注意を促している。つまり、この技術的展開を第二次大戦時の航空機の発達と空爆という軍事分野に限定して理解することは、そのような技術と平時の安全保障や監視、社会の規律訓練化においても作動してきたより基層的な視覚技術の変化との結びつきを見失わせてしまう。私たちは「軍事」を、近代性の理解において周辺的な、どちらかといと不人気な分野だけの事柄とするべきではない。むしろ近代社会の「軍事化」は、個々の戦争を超えて、社会全体の文明化を長く主導してきたのである(Kaplan 2013: 21)。

すでに拙著『博覧会の政治学』(中公新書、一九九二年)で論じたように、一九世紀の帝国主義が世界に拡張させた眼差しは、何よりも万国博覧会の煌びやかなスペクタクルとして演出され直していたのだが、同じ俯瞰的な眼差しは、その直前、一八世紀末の革命前夜から熱気球による上空からの眺めとしても楽しまれていた。カプランは、熱気球に始まる空の技術で人々の視覚領野は急拡大し、それまで接近不能だった領域が可視化され、しかも上空からの見晴らしは地上以上に鮮明で、凹凸など無視できる平らな広がりとして地表が把握されるようになったことを強調している(Kaplan 2013: 30–40)。つまり、「上空からの眼差し」は「帝国の眼差し」への熱狂と並行して増殖し、地表面の表象化のされ方を決定的に変えたのだ。

この上空からの視界を最初に可能にしたのは、一七八三年、モンゴルフィエ兄弟が有人飛行を成功させた熱気球である。時はフランス革命直前であり、同年九月一九日、ヴェルサイユ宮殿での公開実験では、彼らが発明した熱気球がヒツジとアヒルとニワトリを乗せ、ルイ一六世とマリー・アントワネットの目の前で上空に飛翔した。この成功以降、動物に代わって人間が気球に乗り、上空からの視界を獲得することが革命前夜の一大ブームとなる。今日、大金持ちたちが民間飛行士として人工衛星に乗りたがるのにもいささか似て、一八世紀末の人々は気球からの視界を経験することに熱狂した。そしてそうした経験を通じ、彼らは地上をはるか遠くまで、いかなる閉域もなく同じように眼差していたのである。

もともとモンゴルフィエ兄弟の発明は、フランスとスペインによる英領ジブラルタルの攻略で、フランスの兵団を空に浮かべて難攻不落のジブラルタル城内に送り込もうというアイデアから発しており、軍事目的の開発であった。しかし一八世紀末、気球がまず大衆化していくのは博覧会的なスペクタクル装置としてである。それでも一七九〇年代にはフランス革命戦争からナポレオン戦争へという流れのなかで、フランス共和国軍は敵情視察と砲弾の着弾地点確認のために気球を使用している。この使用が最初に行われたのは一七九四年六月のことで、共和国軍はオーストリア－オランダ連合軍とベルギー国内で衝突したとき、戦場で地上に綱でつながれた水素気球を上げ、上空から戦場の模様を観察して逐一、その綱伝いに地上に敵陣の状況を連絡させたのである。一九世紀を通じて気球は発達を続け、軍事拠点間の連絡用や敵地偵察用に用いられていくが、決定的な革新は、一八五八年、写真家のナダールがパリ上空に飛ばした気球から市街を一望する航空写真を撮影したことによってもたらされる（**図1-5**）。

当然、「気球」と「写真」という二つの技術の結びつきは、「上空からの眼差し」に、それまでの敵地偵察や連絡用とは比較にならないほどの軍事的重要性を与えていく。実際、一八七〇年に始まる普仏戦争では、プロイセン軍がパリを包囲するなかで、ナダールは気球乗りとして有名だったゴダール兄弟と協力して六六機の気球を製造して「気球部隊」を組織した。ある意味で、史上初の「空軍」が、著名な写真家によって組織されたのだ。ナダールはモンマルトルに拠点を置き、劣勢のフランス軍のために三機の気球を駆使して敵陣の航空写真撮影と地図作製、航空郵便などの作戦に従事したという。しかもナダールは、将来は自分が気球でしていることが、「空気よりも重い飛行機械」によって取って代わられていくと確信していた。彼はその技術開発のために、自らが会長となり、ジュール・ヴェルヌを書記とする「空気より重い機械による飛行促進のための協会」まで組織していた。

図1-5　ドーミエ画「写真を芸術の高みに浮上させようとするナダール」

　ナダールの先見性には驚嘆するが、歴史は熱気球の時代から一気に「空気よりも重い飛行機械」、すなわち飛行機の時代に移っていったわけではなく、その中間で飛行船の時代を経ることになる。この方向に気球の進化を試みたのはアンリ・ジファールで、彼は一八五二年、気球に蒸気機関を吊るして史上初の動力飛行に成功した。気球を蒸気機関で目的方向に動かせるなら、数十人の乗客を乗せた大型気球を「空の蒸気船」として整備していく道が開ける。

このアイデアは多くの気球開発者を焚きつけていくが、これを強い組織力で一挙に実現させたのが、ドイツ軍人のフェルディナント・フォン・ツェッペリンだった。彼は軍で中将の地位まで上るものの退役を余儀なくされ、第二の人生を飛行船開発に賭けていく。彼の考えは、「硬いアルミニウムの外皮が複数の気嚢を包み、プロペラ、舵、エンジン、操縦室はいずれも固定される」硬式飛行船で兵団や旅客を運ぶというもので、後年の大型軍用機や旅客機のイメージに近かった。一九〇〇年、ツェッペリンは硬式飛行船の飛行を成功させ、〇九年にはドイツ海軍に飛行船を納入、一一年にはフリードリヒスハーフェンとベルリンの間に世界初の民間航空路を開設した。（一九七〇年代のイギリスの人気ロックグループ「レッド・ツェッペリン」の名の元になったイメージは、その初期アルバムのジャケットが示していたように「鉛の気球」で、二〇世紀を通じ、「ツェッペリン」は飛行船のアイコンとして全世界に浸透した。）

ドイツのツェッペリン社（ツェッペリン飛行船製造会社）が、アメリカのボーイング社に先立つ世界初の軍民用飛行体の製造企業であったと考えることは可能である。ツェッペリンの段階で、すでに飛行船開発は個人が小規模な資本で事業化できるものではなくなっており、彼は庇護者であったヴィッテンベルク王をはじめ、プロイセン政府、ダイムラー社などの企業から資金援助を受けていた。軍人時代に培った人脈が彼の航空事業の立ち上げを支えたのだ。そして、同社が製造した大型飛行船による旅客事業では、第一次大戦が勃発する一九一四年までに一度も事故なく一六〇〇回の運行を実施し、三万七二五〇人の乗客に空の旅を提供していた。第一次大戦が勃発すると、この実績を評価したドイツ軍は、ツェッペリン号を長距離爆撃船として活用することにし、ベルギーやフランス、イギリスに多数の飛行船空爆を行った。

飛行船の時代は、一般に思われているよりもずっと後、一九三〇年代まで続いている。第一次大戦後、ツェッペリン社の経営はフーゴー・エッケナーに引き継がれ、エッケナーによって飛行船による長距離国際線が開設されていく。一九二四年に開設されたストックホルム―ベルリン―ローマ―カイロ―ケープタウンの大陸縦断航路はその代表だが、二九年にはツェッペリン号は世界一周飛行を敢行し、同時代の飛行機の限界をはるかに超える長距離かつ長時間の飛行性能を見せつけた。人々は、飛行機がそう簡単に大型飛行船にとって代わる時代が来るとはまだ信じていなかった。当時、ドイツは敗戦国だったが、飛行船の製造と運用の技術力ではアメリカやイギリスを超えていた。ドイツがこうした技術優位を維持できていたのはエッケナーの力量によるところが大きかったが、反ナチス的立場を取り続けた彼は、ナチスが権力を掌握するとツェッペリン社での実権を剝奪されてしまう。

空からの植民地主義とドゥーエ・テーゼ

それが飛行船によるものか飛行機によるものかは別にして、「上空からの眼差し」が「上空からの爆撃」に転化するのは一九一〇年代のことである。その嚆矢(こうし)は、バルカン半島と北アフリカで起きた植民地戦争だった。荒井信一は、一九一一年から一二年にかけてのイタリア・トルコ戦争で、トルコ領リビアの植民地化を目指したイタリア軍が、リビアに九機の飛行機と二機の飛行船を派遣したことに注目している。これらの飛行体は、上空から敵地に手榴弾を投下し、これが歴史上最初の「空爆」となる。その後、「イタリア機はトルコ・アラブの拠点を空から八六回攻撃し、総計三三〇発の爆弾を投下した。空爆の成果についてイタリア軍参謀本部は「爆撃はアラブに対して驚異的な心理的効果をあげた」(一九一一年一一月六日)と報告している」(荒井 2008: 2)。他に、一九一三年の北アフリカ植民地戦争でも、フランス軍とスペイン軍が飛行機を派遣して空爆を実施した。一九一九年、ある英空軍の参謀長は、「植民地の法と秩序は、在来の守備隊よりも機動力の優れた空軍によるほうが安上がりで効果的に維持できる」と語ったが、この発言は、空爆と植民地主義的眼差しとの密接な関係を示唆していた(荒井 2008: 3)。

この植民地の「野蛮」に対する西欧の人種的偏見とないまぜになった空爆主義を裏打ちしていたのは、西欧列強の圧倒的な技術的優越である。つまり、西欧の「文明」諸国の非西欧世界に対する空爆では、「「未開」側の対空戦力がゼロに近いことを考えれば、攻撃側の人命節約効果も無視できない要素」だった(荒井 2008: 3)。対戦する両陣営に空からの軍事力で圧倒的な差がある場合、空爆は味方の損失を最小にし、敵の被害を最大にする合理的な方法だった。そしてこの技術的なギャップの誇示が与える圧倒的な心理効果に、イタリア以外の欧米諸国も次第に気づいていく。荒井によれば、一九一二年のイギリス国防省の報告『イタリア空軍に関する報告――トルコ・イタリア戦争における飛行機』は、飛行機が「最新兵器として植民地戦争における多くの可能性」を開き、帝国の防衛に対する価値を証明したとしていた(荒井 2008: 11)。

そして同じことが、第二次大戦末期のアメリカと日本の間にも当てはまったのだ。イタリアが

「空からの」攻撃力に無知だった北アフリカで空爆を重ね、同じように日本が中国大陸で空爆を重ねたのと同様の「文明」と「野蛮」の関係は、第二次大戦末期には「アメリカ＝文明」と「日本＝野蛮」の間にも当てはまるものとなる。

これまで第一次大戦期における航空技術の発展は、しばしばヨーロッパ戦線での悲惨な塹壕戦からの解放として、あるいはモダニティの象徴として語られてきた。しかし、これらは事態の半面にすぎず、実は同時に、空爆は一九世紀的な意味とは異なる新たな上空からの植民地主義を先導するものだったのだ。前述のカプランはこの点を強調し、第一次大戦からその後の時代にかけて、旧オスマン帝国の支配下にあった諸地域や北アフリカからアフガニスタンまでの植民地で無数の空爆がなされていたことを重視する。彼女は、この草創期の爆撃機や偵察飛行についてのこれまでの研究が、西欧列強の植民地や旧オスマン帝国に対する航空写真や焼夷弾攻撃に言及する場合でも、主たる関心を欧米内部に向け、帝国の地理学と空爆の関係を組織的に検討してこなかったと批判している(Kaplan 2018: 149)。

この死角は、実際には二〇世紀初頭からリビアやエジプト、モロッコ、ソマリア、パレスチナ、イラクなどでも行われていた空爆を、欧米(やせいぜい日本)中心の戦争史のなかに書き加えれば済むといった話ではない。たしかにこれまで、空爆の歴史といえばまず論じられたのは、ピカソの「ゲルニカ」が世界にその悲惨を訴えた一九三七年のドイツ空軍によるスペイン・バスク地方への無差別爆撃であり、また第二次大戦中のドイツ空軍によるロンドン爆撃や連合軍によるドレスデン爆撃であった。空爆の歴史において、これらが重要でないわけではもちろんないが、こうした西欧中心の戦争史は、その外側で、二つの大戦を跨ぎ、またそれを繋いではるかに広がりをもって帝国主義と空爆が結びついてきたことを見えにくくする。実際、これらの外縁部では、一方ではオスマン帝国崩壊がもたらした不安定性により、他方では植民地各地でのナショナリズムの盛り上がりにより紛争が多発し、その鎮圧に空爆が使われていた。

だからフランコ将軍にしても、彼が植民地モロッコで独立運動を鎮圧するために用いた爆撃や虐殺、拷問などの残忍な戦法を、スペイン内戦では国内にも用いることで権力の簒奪に成功したのである。植民地の独立運動を鎮圧するために発達させられてきた空爆技術が、第二次大戦に際してヨーロッパ内部でも適用された。この空爆と植民地主義の結びつきはその後も続き、二一世紀初頭でも変化していない。私たちは、二つの世界大戦とその後の冷戦期を、それどころか二〇二二年二月二四日に勃発したロシアのウクライナ侵攻までを含め、二〇世紀から二一世紀にかけて生じてきた戦争を、一八世紀からの帝国主義の長い歴史のなかに位置づけ直していく必要がある。(ソビエト=ロシア帝国主義の亡者としてのウラジーミル・プーチン!)

そこでまず重要なのは、第一次大戦期の空爆と帝国主義の結びつきである。カプランは、第一次大戦を契機にイギリス軍で空軍が拡大していく決定的なモメントが、ヨーロッパ戦線ではなくイラク戦線にあったと論じている。実際、一九一四年の開戦以降、メソポタミア地方ではオスマン帝国とドイツの同盟軍がイギリス軍と交戦したが、最初この砂漠での戦いにイギリス軍は非常に苦戦した。彼らが誇る軍艦は、チグリス-ユーフラテス川のような砂漠の大河ではあまり使い物にならなかったし、英兵がヨーロッパ戦線の塹壕に釘づけになっていたので、植民地インドの兵が動員されたのだが、士気も上がらず訓練も不十分だった。そもそもイギリス軍は、砂漠の地上戦に慣れていなかった。結局、それまで軍内部にあった新興の空軍に対する守旧派的な反発が抑え込まれ、とりわけ偵察システムは上空からのものに大転換されていくのである。

このメソポタミアでの戦争では、「航空戦や空からの偵察、調査は、たとえ予算はまだ不十分で計画性も十分ではなかったとしても、軍事作戦のなかで最初から決定的な役割を果たしていたのであり、戦争が進行するとともに重要性がどんどん増していった」(Kaplan 2018: 152)。当時、イギリスもドイツも狙っていたのは中東の石油の利権で、この点でイラクを誰が押さえるかが重要だった。そしてこれに有効な方法が空からの偵察や空爆だったのである。――これは、二〇〇〇年代ではなく、一九一〇年代の話である。やがて空爆の最大の主体がイギリスからアメリカに代わるが、中東をめぐる帝国主義の基本構図はほとんど変化していない。

とはいえ、第一次大戦が始まった時点では、各国の軍隊のなかで空爆について最も経験を積んでいたのはイタリア軍だった。そして、その彼らの考え方を集約したのが、大戦直後に刊行されたジュリオ・ドゥーエの『空の支配』(一九二一年)である。ドゥーエがこの本で展開した主張は、無差別爆撃を正当化する思想として、その後の空爆思想に多大な影響を与える。

同書でドゥーエは、飛行機の登場で戦争における前線と後方の区別が消失すると主張した。飛行機以前には、「戦線を突破しなければ、そこから先には進め」ず、その前線から火砲の最大射程距離以遠を攻撃することはできないから、後方地域の生活は比較的平穏であった。ところが飛行機は、「戦線を突破しなくてもそこから先へ行くこと」を可能にした。つまり、「地球の全表面を覆っている大気中を移動する」飛行機は、地理的な遠近を失効させたのだ。しかも、「飛行機はある地点から他の地点までを最短の直線経路で移動でき、さらにそこから先に無数の経路を任意に」取れるから、方向性や地表面の地形も無化する。こうなると、地球上で「安全で静穏に生活できる場所はもはや存在しない」。今や、「すべての国民が敵の直接攻撃に曝されるため全国民が戦闘員となり、戦闘員と非戦闘員の区別はなくなる」(Douhet 1921 = 2002: 22–23)。

こうした前提から出発し、ドゥーエはこの飛行機による距離や方向性、地形の無化が「戦争の方式を革命的に変える」と指摘、「準備を適切にした敵国が戦争時にローマ、ミラノ、ベニスその他の都市を破壊することを、アルプスに展開した精強な陸軍と地中海を遊弋(ゆうよく)する有力な海軍では阻止できない状況」が生じると予測していった(Douhet 1921 = 2002: 23)。つまり彼は、ナチスが二〇年近く後に実際に採用していく戦法をはっきり見通していたのである。

こうしてドゥーエが導き出したのは、「爆撃では狙った目標を完全に破壊しなければならない」という原則だった。つまり、爆撃機は「漠然とした不確定な攻撃兵器ではなく、直径五百メートル以内に所在する全目標を完全に破壊」できなければならない。必然的に、この破壊は大量の一般市民の殺戮を含む。ドゥーエはこの殺戮を、通常爆弾と焼夷弾、有毒ガス弾の三種類の爆弾を駆使して完遂すべきと主張した。すなわち、爆撃隊は「先ず爆薬によって〔建物を〕破壊し、焼夷剤で火災を起こし、有毒ガスで住民による消火を阻止する」(Douhet 1921 = 2002: 35–36)。そうすることで、爆撃する側は空を制し、「無制限の自由を獲得して、敵の軍隊をその根拠地から断絶し、また敵国民の物理的精神的な抵抗を撃破するために、恐怖と破壊を敵の全領域に拡大する」

のだった(Douhet 1921＝2002: 57)。

ドゥーエは言う。「この方式の攻撃を受け交通線を切断され、倉庫を焼かれ、工場や補給処を破壊された陸軍に何ができるだろうか？　港湾にいても安全ではなく、兵器と補給艦隊が消滅した艦隊に何ができるだろうか？　破滅が切迫して恐怖と悪夢が連続する脅威に晒されて、国民は生活し労働を継続できるだろうか？　航空攻撃は、物理的な抵抗力が弱いものばかりではなく、精神的な抵抗力が弱いものに対しても実施される」(Douhet 1921＝2002: 39)。荒井によれば、ドゥーエのこの確信の背景には、彼のリビアでの空爆経験があった。そして同様の植民地支配と空爆論との結合は、やがて英米の空軍にも引き継がれていく(荒井 2008: 10–11)。

こうしてイタリア軍のリビアでの空爆を引き継ぐように、第一次大戦を通じ、イギリス軍によるメソポタミア地域での航空作戦が拡大していく。一九一八年には英王立空軍が設置され、大戦後の一九二〇年代には王立空軍の主要な活動は植民地で展開されていく。王立空軍の立場からするならば、設立されたばかりの新規組織が、ドイツ帝国という強敵が消えた後でも存在価値があることを証明していくために、彼らは何が何でも植民地統治の重要な手段となっていく必要があったのである。こうして空爆は、独立を志向する植民地の運動に対する抑止効果を担わされることとなり、ますます人種主義と一体化していった。

その際、英王立空軍の空爆がとりわけ必要とされたのは、すでに一九二〇年代から宗主国による統治が困難な反乱頻発地帯だったアフガニスタンで、山岳地帯に分散する活動家たちを押さえ込むために空爆は有効な方法と考えられた。当時、アフガニスタン人の反乱鎮圧に出動した英インド空軍の司令部は、「文明化された戦争のルールに合わない野蛮な種族に対しては」国際法のルールは適用されない、「とくに女性の価値が低いので、アフガン女性を殺すことはヨーロッパの文明国での同種の行為と比較できない」と語ったという(荒井 2008: 17)。

さらにドゥーエの空爆思想は、一九二〇〜三〇年代、米陸軍航空隊戦術学校(ACTS Air Corps Tactical School)の飛行将校養成教育にも導入され、やがて空軍の将兵たちに浸透していくことになる。荒井によれば、「アメリカ太平洋方面戦略空軍司令官として原爆の対日投下を指揮するカール・スパーツ将軍は一九二五年に同校(ACTS)に在学したが、同級生の多くが『空の支配』を読んでいたと回想している。またのちにB29による日本本土空襲の指揮をとるヘイウッド・S・ハンセル准将は、当時ACTSの教官であったが、〔略〕ドゥーエの思想は「今日では基本原理として受け入れられている」と述べた。ドゥーエの理論は一九二六年から三〇年代にかけてACTSのマニュアルに採用された」としている(荒井 2008: 20–21)。

ちょうどこの時代は、欧米諸国で陸軍に航空部隊が設置され、それがやがて空軍に進化していく発展期だった。イギリスに王立空軍が設置されたのは一九一八年と例外的に早かったが、フランス空軍が陸軍から独立するのは一九三三年、ヒットラーがドイツ空軍を創設するのは一九三五年、米軍の場合、一九二六年に創設された陸軍航空隊が、三五年には総司令航空軍に、四一年には陸軍航空軍に発展している。生井英考によれば、「第一次大戦のころ、世界的に見て空軍力はまだ地上兵力の補完的役割に留まっていたのに対して、第二次大戦の始まるまでには西ヨーロッパの多くの国々で空軍が独立し、それ自体で自立した役割と存在感と命令系統を持つようになっていた」（生井 2006: 127）。こうしたなかで、北アフリカに対する空爆経験から生まれたドゥーエの空爆論は、これらの勃興期の空軍に広く浸透していったのである。

日本軍の中国都市への無差別爆撃

こうした植民地主義と空爆の結びつきは、同時代の日本軍にも存在した。日本軍の飛行機が最初の空爆をするのは、一九一四年、青島（チンタオ）市街爆撃においてである。しかし、このときの軍機の主要任務は敵地偵察にあり、爆撃自体ではなかったようだ。それでも、そこで試みられた「飛行機の実戦使用と空爆の心理的影響力の認識は、とくに植民地統治に有効である」という考え方を促し、第一次大戦後には日本陸海軍も空戦力充実に取り組み始める（荒井 2008: 8）。そして満州事変以降、日本軍による中国大陸諸都市への空爆が本格化するのだ。

その第一号は、一九三一年一〇月八日に石原莞爾指揮下の軍が錦州でした空爆である。この空爆は、「八八式偵察機六機、中国軍から鹵獲（ろかく）した〔フランス製〕ポテー25型軽爆撃機五機の一一機編成で行われ、石原参謀は旅客機に乗って編隊に同行、上空より爆撃の成果を逐一観察した」。その際、「八八式偵察機には、爆弾照準器も爆弾懸吊装置も装備されておらず、攻撃隊は各機、瞬発発信管つき二五キロ爆弾四発ずつを真田紐で機外に吊るし、目標上空に達すると日測によって紐を切断し、爆弾を投下」した。実験的にそうしてみたというレベルで、実質的な戦果があったかは疑わしい。しかも、これは第一次大戦後初の都市空爆とされ、「国際的反響の面でも日本軍機の行動に手きびしい非難の集中する最初の事例となった」（前田 2006: 65–66）。

だが、日本軍がこうした国際世論に耳を傾けた様子はない。むしろ中国空爆は、一九三七年七月の盧溝橋事件を経て激しさを増していった。前田哲男によれば、「盧溝橋事件から、翌年一〇月二七日の武漢三鎮占領に至る一六カ月間に、海軍航空隊だけで参加飛行機(延べ)約一万機、使用爆弾約三万五〇〇〇発、重量にして約三〇〇〇トン、それに地上銃撃用機銃弾約三二万発を消費したと発表された。南京と広東に対し最も激しい攻撃の加えられた三七年九月から一〇月までの一カ月間に、海軍空襲部隊は合計四九五〇発の爆弾を投下した」(前田 2006: 76)。

とはいえ、当時はこの空爆作戦を実行した部隊自体が、「爆撃は必ずしも目標に直撃するを要せず、敵の人心を恐怖させるのを主眼とする。よって敵の防禦砲火を考慮し投下点を高度二、〇〇〇～三、〇〇〇米(メートル)附近に選定し、かつ一航過で爆弾投下を完了されたい」と述べていたように、上空から標的を正確に爆撃することは、「海軍航空隊装備の九〇式爆撃照準器の性能を考慮にいれれば、まず成果を期し得ない」と見なされていた(前田 2006: 77)。すでに述べた日米戦末期にB29が実現するような正確さは、望むべくもなかったのである。

とはいえ、日中戦争を通じて行われた日本軍による中国空爆は、精密なものではなかったにせよ、その分無差別的なもので、一般民間人を含む中国側に多大な被害をもたらした。その最たるは重慶への度重なる爆撃で、約一万二〇〇〇人の命が失われている。この空爆は一九三九年に集中しており、まず一月七日、「重慶上空は高度二五〇〇メートル程度の密雲に閉ざされていたが、先行した第十二戦隊の伊式重が南東に金仏山(標高二二〇〇メートル)の頂上を発見、これを基準にして雲の下の市街とおぼしいあたりを推測爆撃した。続行二一戦隊も同様の方法により高度四二〇〇メートルから爆弾を投下した。中国側記録によれば、この日敵一九機襲来、投弾数七四、死者五、負傷七、家屋損壊五の被害を生じた。しかし中心部を外れ、また広く散開した弾着となったため、市街地に恐慌を引き起こすには至らなかった」という(前田 2006: 107)。

その後、五月上旬には市街地中心部を標的にした爆撃が繰り返し行われ、「五月三日の空襲で破壊・炎上した区域は、重慶市中区九・三平方キロのうち、「下半城」の名称で呼ばれる旧城内揚子江寄りの一帯である。中央公園を中心に、陝西街、蒼平街、左管街、太平門、儲奇門など市街中心の、北東から南西にかけて約一・五キロ、幅五〇〇メートル、主要な大通り二七のうち一九本の通りに被害が及」び、この攻撃だけで死者は六七三人を出した(前田 2006: 144)。さらに翌日、同市中心部の「上半域」にも空爆が行われる。そこは「賑やかな通りで、いかなる点からも軍事施設など発見し得ない場所である。〔略〕この区域内の一四カ所から一時に火の手を見た。最初べつべつに上がった炎はやがて合体し大きな渦となった。送水施設も水道本管も昨日につづくあらたな爆撃によりあらかた破壊されてしまったので、燃えるにまかせるより仕方ない。火の海に取り残された人々を救出する手立ては何もなかった」という(前田 2006: 155–156)。

このように、無差別爆撃を厭わない点においては、一九三〇年代末の日本軍も、一九四五年の米軍も差はなかった。ただ、両者には重要な違いもあった。それは、日本軍は中国都市への苛烈な空爆を繰り返しながらも、市内にあった欧米の諸施設に被害が及ぶことを怖れていた。四川省の中枢都市であった重慶には、欧米各国の外交機関や企業支社、教会、病院が多く立地していた。日本軍が「一方で無差別攻撃に踏み切りながら、なお最後まで表面上は「重慶市内外軍事施設攻撃」の名分にこだわったものも、空襲によって外国資産に被害を生じた場合、それは「誤爆」(今日の米軍の表現にしたがうなら「付随的損害 collateral damage」ということになろう)の結果だとする体裁」を取りたかったからである(前田 2006: 253)。もちろんこれは、一九四五年の米軍空爆が、戦後の日本統治を視野に入れ、東京の皇居や京都などの文化財地区への空爆を避けていたのとは意味が違う。日本は、その「文明」をもって「野蛮」の側に位置づけていた中国人社会を平気で蹂躙したが、しかし自分たち以上に「文明」の側にいることが明白だった欧米社会から「野蛮」の側に位置づけられることを怖れ続けたのである。

「空の帝国」と〈戦争=映像〉の視覚

ところで、すでに述べたハリウッドの映画的眼差しと、偵察機からの眼差しの親近性に早くから注目していたのは、「兵器とはただ単なる破壊装置であるばかりでなく、視覚の装置でもある」と考えていたポール・ヴィリリオである。彼が論じたように、兵器とは「感覚器官や中枢神経組織のレベルで生じる化学的現象ないし神経学的現象によって存在があらわになる刺激装置であり、知覚対象への反応、その識別、あるいは他の物体との差異の認識などに影響を及ぼすもの」なのだ(Virilio 1984 = 1988: 7)。この視覚技術と軍事技術の結びつきは、一八七四年、ジュール・ジャンサンが回転弾倉式コルト拳銃にヒントを得て写真を連続撮影する天体用レボルバー式写真機を発明し、それを金星の太陽面通過の観測に好適地であった日本の長崎(金比羅山)に持ち込んだときにも、このアイデアを発展させ、エチエンヌ・マレーが鳥のように空中を移動する物体を連続撮影する写真銃を実用化したときにもはっきりと認識されていたものだった。

そして、その結合にとって決定的な一歩が、第一次大戦での偵察機とカメラの結合によってもたらされることとなる。ヴィリリオは、一九一四年に飛行機は「あるひとつの視覚様式となり、おそらくのところ最終的視覚様式となった」と語った(Virilio 1984 = 1988: 31)。戦争の歴史とは知覚の場の変貌の歴史である。第一次大戦は、すべての知覚領域の地平を転換させた。この戦争から、西欧諸国はカメラを垂直装備した偵察機を軍事用に使い始める。各軍が、偵察機が撮影した写真を貼り合わせ、戦場を俯瞰するモザイク写真を司令官に提供していった。とはいえヴィリリオは、当時はまだ「偵察機の装備の状態はひどいものであり、写真撮影を任務とする際には、写真のスケールが一定に守られるように、ずっと同じ高度を飛ばなければならなかった」とも語る(Virilio 1984 = 1988: 31)。たしかに映像的な眼差しと軍事的な眼差しの結合が完成するのはもう少し後の話だが、その萌芽はすでに第一次大戦で確実に芽生えていたのである。

第一次大戦における偵察機とカメラの結合が、その後の文化的知覚の地平を内側から変化させていった明瞭な例は、写真家エドワード・スタイケンの歩みである。彼は、第一次大戦でフランスに遠征した米陸軍の偵察作戦を指揮した大佐として、ヨーロッパ上空からの航空写真を集中生産・管理する体制を作り上げたのだったが、そこでは「個別的な映像というよりも、溢れるような映像の流れが、この最初の大規模な軍事＝産業的な戦争のもつ巨視的な統計的傾向と結びつき、表面に現れて」くることになった。そしてこの経験は、「写真に関するスタイケンの考え方を完全に変えてしまわずにはいなかった」(Virilio 1984 = 1988: 38)。戦後、スタイケンは商業写真の世界に進み、ファッション写真の世界に革命的変化をもたらしていく。

同じ頃、中東では偵察飛行や航空写真のシステムが発達を遂げていた。そもそも砂漠は、英軍をはじめヨーロッパの兵士たちにとっては得体のしれない難物で、砂嵐や蜃気楼のなかで彼らは広大な真空地帯に放り出されてしまったかのような恐怖を味わっていた。しかし、この地上の恐怖は、上空からの眼差しが介入することで一変する。平坦な地平が広大に続く砂漠ほど、空からの監視に適した地形はなかったからだ。大戦後、イギリスは中東支配を安定化させるために航空写真をますます必要とし、撮影された写真内の事象の正確な位置を特定する精密な地図も必要としていった。さらに、そのような写真と地図の結びつきから軍事的に有用な情報を引き出す解釈システムも必要となる。具体的には、撮影されたばかりの航空写真は、それぞれがナンバリングされてパケットごとにまとめられ、それらの写真に基づいて地図が描かれ、それらは彩色され、注釈が加わる一連の工程が確立していくのである(Kaplan 2018: 161)。つまり、ここに構築されていたのは、航空写真、精密な地図や戦略的な解釈コードなどが統合されるシステマティックな視覚の軍事体制だった。明らかに、前述の第二次大戦での米軍における航空写真についてのシステマティックな処理は、この頃から発達していく視覚の体制の延長線上に位置していた。

ところでヴィリリオは、偵察機と映画の結びつきについての議論を、第一次大戦での結合から一挙に半世紀を超えてベトナム戦争でのリモート・センサー技術にジャンプさせている。つまり、大戦後の植民地での動きや空爆における第二次世界大戦の決定的な重要性が、十分には論じられていない。しかしとりわけ、第二次世界大戦、その日米戦における日本空爆で大規模に実験されていった航空写真や大量殺戮の実践は、このような戦争と視覚の結びつきを現在までつなぐ決定的なミッシング・リンクの結び目なのである。後年のベトナムやアフガニスタン、シリア、イラクを別にすれば、第二次大戦中の日本ほど、空爆の対象としてアメリカから可視化されていった国はない。こうしてたとえば、前述のスタイケンは、第二次大戦が始まると米軍に戻り、航空写真について軍の指導をしつつ、米空母の視点から日米戦を描いた『The Fighting Lady』（一九四四年）のようなプロパガンダ映画まで監督していくのだ。

第二世界大戦を通じ、アメリカを中心に映像技術（＝ハリウッド）と軍事技術（＝ペンタゴン）の結合が進んでいく過程は、第2章で再び取り上げていくが、ここではアメリカという国家が育んできた両者の関係を確認しておきたい。生井英考は、二〇世紀を通じてアメリカは何よりも「空の帝国」であったのだという（生井 2006）。これは、たとえば古代から中国が、また近世を通じてロシアが「陸の帝国」であり、一七、八世紀のオランダや一九世紀のイギリスが「海の帝国」であったのと対比される地政学的な言い回しである。中国やロシアが帝国化するときは、周辺地域に侵略し、領土自体を拡張する。二〇二二年に起きたことは、まさにその延長線上にある。イギリスが構築した壮大な大英帝国は、世界に分散する植民地を海洋ネットワークでつないでいた。これらに対しアメリカは、中南米からハワイや日本列島、東南アジア、そして中東、トルコやギリシャまでの米軍基地を空路でつないで地球規模のヘゲモニーを維持してきた。アメリカの軍事的覇権にとって空の支配は決定的に重要である。このような「空の帝国」と、ハリウッドがグローバルに影響力を誇ってきた「映像の帝国」は、決して無関係なわけではない。

実際、アメリカの映画産業と航空産業は、まったく同時代に発展してきた。一九二〇年代から三〇年代にかけてのハリウッドの大発展は周知のことだ。サイレントからトーキーへの大転換が起こり、パラマウント、ワーナーブラザーズ、コロンビア、RKOの「ビッグ4」のメジャースタジオの覇権が確立していった。他方、航空機産業では、一九二七年、チャールズ・A・リンドバーグがニューヨーク―パリ間の大西洋横断に成功するのと相前後して、ユナイテッドやアメリカンなどのこちらも「ビッグ4」とされる国内航空機業が開業し、パン・アメリカン航空（パンナム）は同じ一九二七年にフロリダからキューバのハバナへの路線を開設している。ハバナは一九二〇年代から一九五九年、フィデル・カストロが革命を起こすまで、アメリカ東海岸の上流階級に人気の植民地的リゾートだった。ここはとりわけ禁酒法の及ばない地であったため、ニューヨークなどのマフィアが跋扈する歓楽の街として知られていた。（今日でも、ハバナを歩けばそうした雰囲気の名残は感じられる。至るところで一九五〇年代の豪華なアメリカのクラッシックカーが、地元の貧しいタクシー運転手たちの天才的な工夫で修繕され続け、颯爽と走り続けている。街の店々にはチェ・ゲバラとマリリン・モンローのポスターが並んでいる。）

一九二〇年代から五〇年代までのパンナムの発展とハリウッドの隆盛には、文化地政学的な意味で重ねられる面が少なくない。あくまで郵便航空を基盤としていたユナイテッドやアメリカンなどの国内航空会社と異なり、パンナムが推進したのは、アメリカ政府の助成を受けながら、米本国にとって半植民地的な位置にあった中南米諸国に航路を伸ばし、さらにはアラスカ経由で日本や中華民国に路線を伸ばして太平洋から南米大陸までの航空ネットワークを傘下に置いていくことだった。つまり、一九世紀的な意味での北米の中南米に対する植民地主義と、二〇世紀的な意味でのアメリカのアジア・太平洋地域での帝国主義的覇権の両方を、パンナムに象徴される空のネットワークが媒介していくのだ。だから、ハリウッドが「ソフトパワー」であったのと同じ意味で、こちらは「エアパワー」であったと言える。

しかも、彼らは当初からアメリカの金持ち相手の国際観光市場を重視していたが、これをやがて世界の金持ち相手に拡大する。パンナムは第二次大戦が終わるや否や、一九四六年に「インターコンチネンタルホテル」を開業し、本体の航空産業が破産しても、ホテル業は発展し続け、今は世界一〇〇カ国、五九〇〇軒以上の高級ホテルを運営している。一九二〇年代以降、「観光の眼差し」と「空の帝国」はゆるやかに抱擁していくのである。

路上に転がる無数の焼死体

さて、一九四五年の日本空爆に話を戻そう。前述のように、この一連の空爆がどれだけ日本の諸都市を破壊したかは、米軍により上空から多くの高精細の写真に撮影されていた。たとえば、最大の被害を出した三月一〇日の東京空爆から数時間後には写真偵察機F13が東京上空に達し、まだ炎上し続けていた巨大都市を上空から撮影している(**図1-6**)。この航空写真は東京全体を見渡しているが、まだ下町一帯は燃え続ける市街から噴き上がった大量の煙で覆われている。地表面の白くなっているところはこの空爆で焼き払われた地域であり、いかにこの空爆が凄まじいものであったかが一目でわかる。米軍では偵察機の航空写真以外にも、日本列島各地への空爆で

図 1-6　空爆から約 7 時間後，午前 10 時 35 分頃に東京上空より撮影された写真．雲状の部分は火災による噴煙と思われる（工藤 2015: 41）

多くの戦闘機の機銃部分にガンカメラが装備されていた。このカメラは自動的に掃射目標を撮影し、その映像が帰還後に検証され、戦法の改良や新人教育に利用されていたから、空からの眼差しは様々な軍用機においてメディア化されていたわけである。上空からの「爆弾」と上空からの「眼差し」は絶えず対をなして増殖していたのだ。

だが、同じこの大空襲直後の状況は、上空からばかりでなく、路上からも、つまり空爆を受けた側でも詳細に撮影されていた。その最もよく知られた例は、警視庁のカメラマンだった石川光陽が、大空襲の最中、またその直後の被災の現場を歩きまわって撮影した数多くの写真である。石川は一九四四年一一月、戦況が悪化し、米軍機の東京空爆が本格化するなかで、警視総監から今後生じる東京空襲の被害を写真で記録していくようにとの特命を受けた。この指令に従い、石川は東京空爆が本格化する一一月末以降、丹念に被害の現場の撮影を重ね、その撮影枚数は六〇〇〇枚に及ぶこととなった(石川 1992)。なかでも三月一〇日の「東京大空襲」において路上から撮影された一群の写真は壮絶を極めている。

三月九日深夜、石川がいた警視庁の地下防空本部には、洲崎、小松川、両国等の警察署から「数十機の敵機が乱舞無数の焼夷弾を投下、随所に火災が発生」との緊急電話が入ってきた(石川 1992: 85)。空襲警報はまだ出ていなかったが、尋常ならざる状況に石川は現場に急行した。逃げまどう人々の間をかき分けてようやく両国付近まで来ると、「周囲は猛火の壁に囲まれ、熱風に煽られ、眼も開いておられない。空を仰げば醜敵B29は巨大な真白い胴体に、真紅の焔を反射させて、低空で乱舞している。そしてこれでもかといわぬばかりに焼夷弾の束は無数に落下して」きた(石川 1992: 86)。さらに彼は、火の海のなかを浅草方面に向かうが、どこもかしこも前日からの強風で「火は倍々たけりたって強風を呼び、その強風は火を煽って、多くの逃げ惑う人びとを焼き殺していった。私の目の前でも何人かが声もなく死んでいったが、どうすることも出来なかった。倒れた死体は路面を激流のように流れる大火流に、芋俵を転がすように流されていってしまった。猛火は横に唸りを発して街路を火焔放射器のように走り、その火流の中を荷物や布団が大小の火の玉になって無数に転がっていく。眼前の建物は屋根を残して、筒抜けに猛火が突き抜けて、隣から隣へと劫火は突っ走っていくのがよく見える」(石川 1992: 88)。

まさにこれが、ナパーム弾の効果であり、この地獄のような状況は、強風による壮絶な効果も含め、アメリカ最高峰の知性と米軍が共同で実験を重ねてきたことの結果だった。これは、とてつもない規模で実施された大量殺戮の実験であった。

とても写真を撮れるような状況ではなく、この時点で石川自身も自分の死を覚悟した。彼は劫火の街を這いずりながら逃げ、なんとか昼頃に警視庁まで戻る。その後、改めて被害状況の撮影のために街に出るが、「道路の至るところに持ち出した家財が灰になっており、そこらあたりに劫火の犠牲になって焼死した男女の区別もつかない死体が転がっており、ちょっとした遮蔽物の脇には人が折り重なって焼死体の山を築いていた」(石川 1992: 90)。そうした悲惨な風景のなかで、泥まみれのライカを積み上がる死体へ向けることは、その死者たちから叱責される気がして「手はふるえ、シャッターを押す手はにぶった」。それでも彼は、かすむ眼をひきあけてシャッターを押し、「写し終ると合掌してそこを立ち去った」という(石川 1992: 91)。

こうして石川は、三月一〇日の大空爆直後の東京の路上の風景を、多くの貴重な記録写真として残している。たとえば、本章冒頭の**図1–1**に載せたのは、墨田区本所の道路の一角で折り重なって死んでいった一群の人々である。左には車が燃えた残骸があり、中央に井戸ではないかと思われる囲みがある。これらの死体の奥の建物も、すっかり廃墟となっている。あるいは、**図1–7**に示すのは、墨田区本所の菊川橋付近で川に浮かぶ一群の死体で、いずれも今も見るだけで胸が詰まる。さらに、焼死体が道路に散乱する浅草花川戸の路上風景が**図1–8**で、まだあたりは煙が出ており、白く霞んだ風景のあちらこちらに真っ黒の焼死体が無惨に転がる。その横を、防空頭巾をかぶった人々が、下を向きながら歩いている。

図 1-7　墨田区本所，菊川橋付近で川に浮かぶ一群の死体(石川・森田写真事務所編 1992: 94)

図 1-8　劫火の犠牲となった台東区浅草花川戸の焼死体(石川・森田写真事務所編 1992: 84-85)

三月一〇日以降、石川の写真には焼死体と避難民の姿が溢れていく。空襲の記録写真といっても、それまでは空爆を受けて燃える建物や廃墟となった街の一角が撮られていることのほうが多いのだが、三月一〇日の「東京大空襲」以降は、目を背けたくなるような凄惨な焼死体が道路のあちらこちらに転がり、川に浮かび、空地に集められている様子や、そうしたなかを俯(うつむ)いて歩く人々の写真が一挙に増える。この戦争に未来がないことは、もはや誰の目にも明白だった。それにもかかわらず、誰も事態を変化させることはできず、人々はただ茫然と、眼前のあまりに悲惨な状況に対応していた。鶴見俊輔が後に言い当てたように、戦争末期、日本社会を覆っていったのはある種の「無風状態」である(鶴見 1961)。もう誰も、自分たちの国がこの戦争に勝つ可能性があるなどとは信じていなかった。誰もおぞましく無意味な戦争を止められるとは思っていなかったし、止めようともしなかった。人々は流れに漂い、未来を見失っていた。

石川のカメラは、このような悲惨さを茫然と受けとめ続ける人々の姿を捉えている。その人々には表情というものがない。写真から判読する限り、そこに生きて登場する人々は、何かに眼差しを向けているようには見えない。彼らはただ道を俯き気味に黙々と歩き、行方不明者を探し、誰かのために祈り、茫然と立ち尽くしている。互いに目を見合わせたり、何かに向かって怒りを表明したり、何かをそっと覗きこんだりしている人はいない。人間は、極限的な状況に追い込まれると「眼差し」を失うのだ。何かが見えてはいるはずなのだが、多くは目を背けている。

他方、すでに述べてきたように、この地上の惨状全体は上空の爆撃機からはカメラによって精密に眼差されていたし、それどころか計画もされていたのである。そして、その上空からの残酷な眼差しとナパーム焼夷弾による大量殺戮は不可分だった。ところがその眼差しの下で殺戮をされていった側は、眼差しをすら失ってしまっていたのである。おそらく石川は、そうした状況にありながら、なお被爆した人々を眼差し続けていた数少ない一人であろう。

一九四五年、首都東京を襲った空爆被害を写真に残したのは石川だけではない。当時、他にも報道写真家が、空襲被害にカメラを向けていた。たとえば、対外宣伝のための写真雑誌を製作していた木村伊兵衛らプロの写真家集団東方社のメンバーも、数多くの現場写真を撮影しており、その六〇〇枚近くが焼却を逃れて発見されている（ＮＨＫスペシャル取材班 2012）。察するに一九四四年秋以降、米軍による空爆が激しくなるなかで、日本政府や軍、警察は、この戦争で自分たちに起きていることと全体を把握する能力すら失い始めていた。だからせめて、それぞれの現場で起きていることを撮影し、状況把握に努めていたと考えられる。この日本側の眼差しの喪失は、すでに論じてきたアメリカ側の眼差しと著しい対照をなす。石川や東方社のカメラマンは、凄惨な状況のなかでのこの国の人々の表情をフィルムに焼き付けた。しかし、その眼差しは、そうした悲惨さに陥れている上空からの眼差しまで届くようなものではなかった。

路上の死体は語ることができるか？

言うまでもなく、この点では同じことが、日本空爆よりも少しだけ先立って同様に激しかったドイツの諸都市を襲う空爆にも当てはまるだろう。Ｗ・Ｇ・ゼーバルトは、一九四三年夏、英米軍がハンブルクに対し行った空爆がいかに壊滅的なものであったかを描いている。「ゴモラ作戦」

と名づけられたこの空爆では、一万トンの爆裂弾と焼夷弾がエルベ川東部の人口密集地帯に投下された。その方法はドゥーエ理論に忠実に従っていて、「すでに効果のほどが証明された方法でまず四千ポンドの爆裂弾が家々の窓と扉を吹き飛ばし、ついで軽量の発燃剤が屋根裏に火をつけた。ほぼ同時に重さ十五キロの焼夷弾が階下を貫いた」(Sebald 2001 = 2008: 30)。その結果、いかなる悲劇が生じたか──。ゼーバルトは次のように続けるが、そこに描かれる情景が、あまりに約一年半後の東京の情景に似ていることに慄然とせざるを得ない。

ものの数分で、爆撃されたおよそ二十平方キロ全域に火の手が上がり、またたく間に炎が寄り集まって、最初の爆弾投下から十五分後には空域全体が見渡すかぎりたったひとつの火の海になった。さらにその五分後の午前一時二十分、いまだ人の想像し得なかった規模で、火災旋風が発生した。火焔は二千メートルの上空に達して、凄まじい力で酸素を吸いこみ、台風並みの勢力に達した空気流が、巨大なパイプオルガンの音栓をいっせいに引いたかのような轟音をたてた。その状態で火災が三時間つづいた。最盛時には火災旋風は家の破風や屋根を引き剝がし、梁や広告板を宙に巻きあげ、樹木を根こそぎにし、人間を生きた松明にして飛び回らせた。崩れたファサードの背後でビルの高さまで火柱が上がり、それが洪水さながら時速百五十キロで通りを駆け抜け、広場では炎の筒になって、奇妙なリズムでぐるぐると旋回した。運河のいくつかでは水が燃えた。市電の車両はガラス窓が溶け、パン屋の地下では貯蔵してあった砂糖が煮えたぎった。防空壕から逃げだしてきた人々がグロテスクに体をねじ曲げて、溶けたアスファルトのあぶくの中に突っ伏していた。その夜どれだけの数が死んだのか、死の前にどれだけの気が触れたのか、たしかなことは誰も知らない。朝が来ても、夏の陽光は市を覆った鉛色の暗がりを突き抜けてはこなかった。煙は八千メートル上空まで上がり、そこで拡がって、鉄床形（かなとこ）の積乱雲になっていた。（Sebald 2001 = 2008: 30–31）

ドイツ空爆のこれほどの壮絶さにもかかわらず、この大量殺戮が「戦略的ないし道義的にそもそも妥当であったのかどうか、あるいはいかなる意味において妥当であったのかという点については、四五年以降の歳月、私の知るかぎりではドイツにおいて一度も公的な議論の場に乗せられたことはない」と、ゼーバルトは言う。どうやら第二次大戦末期の空爆が不十分にしか問い返されていないのは、日本だけではないらしい。ドイツの場合、問い返しがなされない一つの理由は、「何百万人を収容所で殺害しあるいは過酷な使役の果てに死に至らしめたような国の民（フォルク）が、戦勝国にむかって、ドイツの都市破壊を命じた軍事的・政治的な理屈を説明せよとは言えなかったためだろう」と彼は察する。さらに彼は、「明らかな狂気の沙汰に対してぶつけようのない憎悪を胸にためていたにしろ、空襲の罹災者のうち少なからぬ者が、空襲の猛火をしかるべき罰、逆らえぬ天罰であるとすら感じていた可能性もある」としている(Sebald 2001 = 2008: 20)。

ゼーバルトのこの問題提起は、彼がチューリヒで行った連続講演に基づくものだが、彼自身が単行本の後半で長々と解説したように、この講演はドイツ国内に大きな論争を巻き起こすこととなった。ゼーバルトが提起したのは、ドイツが第二次大戦末期、連合国空軍から受けた徹底した空爆とその悲惨が、戦後ドイツの大衆的言説のみならず、文学でもほとんど語られもしてこなかったのはなぜか、という問いであった。この問いは、ドイツの文学者たちへの問いとして深刻で、彼は「戦後生まれの人々は、空襲がドイツにもたらした惨禍のありさま、その規模、その性格、その影響について、作家たちの証言だけに頼るならなんのイメージも描くことができない」のを証明して見せたのだ(Sebald 2001 = 2008: 66)。

細見和之は邦訳版の解説で、ゼーバルトの問題提起は単行本が刊行された後も「〈空襲と文学〉論争」として続いたが、その背景には一九八〇年代末からドイツで生じていた歴史修正主義をめぐる論争があったと指摘する。さらに細見は、逆に日本の「戦後文学において、空襲体験を語ることがタブーだなどという意識は微塵も存在しなかった」としても、それでも「空襲体験は戦後の日本文学において果たしてほんとうに描かれてきたのか」という問いは残るとしている(細見 2008: 180)。文学で言うならば、ゼーバルトが提起した「〈空襲と文学〉論争」は、同じ頃に日本で加藤典洋が提起した『敗戦後論』をめぐる論争と重なる面があり、加藤自身、『敗者の想像力』でゼーバルトの問いに言及し、その要点が「連合国の「不正」を批判しないことで、ドイツの戦後文学は、じつは自分たち自身の「不正」と「向き合う」ことをも、さらに巧妙に避けてきた」という問いにあったことを言い当てている(加藤 2017: 48)。加藤はそこから、日本で同様の問題が問われるべきなのは「空襲」よりも「占領」なのだと論じていくが、この議論の展開に半分は同意するとしても、「空襲 = 空爆」から、「空爆」だけを文字通り「雲の上に」追いやってしまう思考操作に、ゼーバルトの問いと同様の問題が戦後日本にもあったと本書は考えている。

日本の場合、ナチスのユダヤ人虐殺に相当する悪業は、アジアでの残虐な侵略行為であったわけだが、米軍サイドの語りで東京空爆や原爆投下に対する問い返しを封じる役割を果たしてきたのは、むしろ日本軍の真珠湾攻撃であった。そして日本人一般の間では、ゼーバルトが言うようなキリスト教的な天罰意識は薄いにしろ、むしろ戦後、昭和天皇とマッカーサー元帥の間に「抱擁」が成立していったことが、問い返しを自制させる心的モメントとして働いてきた。

したがって、ハンブルクやドレスデンでも、東京や広島、長崎でも、第二次大戦時の空爆で大量殺戮された路上の死者たちの亡霊は、いまだにこれらの都市に漂い続けているわけである。「成仏」という概念はそれほど普遍的ではないかもしれないが、第一次世界大戦の中で端緒が開かれ、第二次世界大戦では巨大な規模に膨れ上がり、朝鮮戦争やベトナム戦争、湾岸戦争やユーゴ紛争、イラク戦争へと継続していった空爆史は、それらの空爆によって殺戮されていった膨大な人々の屍を、今なお下敷きにしている。それらの無数の屍は、なぜこれほどまでに大規模かつ長期にわたり増殖し続けねばならなかったのか？　彼らの亡霊が、歴史の中に蘇って語り始めるような瞬間を、私たちはどのようにすれば想像することができるのか？　あるいはこれまで、そうした瞬間をどう想像してきたのだろうか？　ドゥーエがおぞましき冷酷さで提案した空爆の思想を、私たちはどのようにして敢然と放棄していくことができるだろうか？

偵察機や爆撃機の「上空からの眼差し」に対し、劫火の東京の路上で石川光陽ら写真家たちが残した写真イメージは、こうした問いに答える手がかりの一つである。戦争末期、はるか上空から容赦なく投下された焼夷弾により、人々はただ焼き殺された。その意味を徹底的に剝奪された大量の死を、私たちはまず上空からではなく、路上から眼差し直さなくてはならない。すでに本章で述べてきたように、両世界大戦期、世界の帝国主義列強は、偵察機や爆撃機、高精細の航空写真とそのデータ処理について、巨大な視覚情報システムを構築しつつあった。つまり、ここでいう「上空からの眼差し」は、決してパイロットが一人で地上を注視するというような、個別的な視覚経験を指すのではない。むしろそれは、フーコー的な意味でのパノプティコンをさらに超えて膨張する複雑に組織された視覚＝攻撃システムの一部だったのである。ハンブルク空爆であれ、東京空爆であれ、大量死をもたらしたこれらの残忍な殺戮は、決して蛮行なのではなく、むしろ高度に計算され、組織された仕方で作動していく科学的実践であった。

前述のカプランは、「二〇世紀の大半を通じ、トラウマ的ないしは暴力的な出来事について、公的な探査や記録、監視や偵察の任務遂行で撮影された航空写真が使われてきた。そこではフォトジャーナリズムと積極的に結びつけられるような、被害を受けた個々の「人間的」な側面を映像化したものは脇役にとどまってきた」という(Kaplan 2018: 5)。それにもかかわらず、カプランは湾岸戦争直後の戦地の航空写真を、地上の標的を特定するためではなく、「上空からの眼差し」を不安定化し、そうした眼差しがいかに現実を捉えそこなうかを証明するために用いた写真家たちの実践を紹介している。彼女が取り上げたのは、ソフィー・リステルユーベルやジャナーン・アル・アーニ、ファザル・シークといった作家たちの作品群で、それらは航空写真を使いながらも、それが空爆的＝軍事的な表象となることも、審美的な表象となることも拒絶していた。その中間で、写真家たちは「上空からの眼差し」が、いかに下方で起きたことを可視化できないか、上空からの眼差しの限界を表現していったのである(Kaplan 2018: 185–206)。

とりわけ、リステルユーベルの「Fait(事実)」と名づけられた一群の写真は、湾岸戦争直後のイラクで彼女がヘリコプターから撮影したもので、報道写真の事実性からも、モダニズム美学の規準からも距離を置き、「事実」に対する眼差しの問題化を狙っていた。カプランによれば、リステルユーベルがこのイラクでの作品制作に取り組むきっかけとなったのは、『タイム』誌に一九九一年二月二五日に掲載された写真で、上空から落とされた爆弾がいかにイラクの大地に傷跡を残しているかを生々しく捉えていた。彼女はその同じ場所を、大地の傷跡を拡大して覗き込ませるような仕方で作品化したのである(図1–9)。

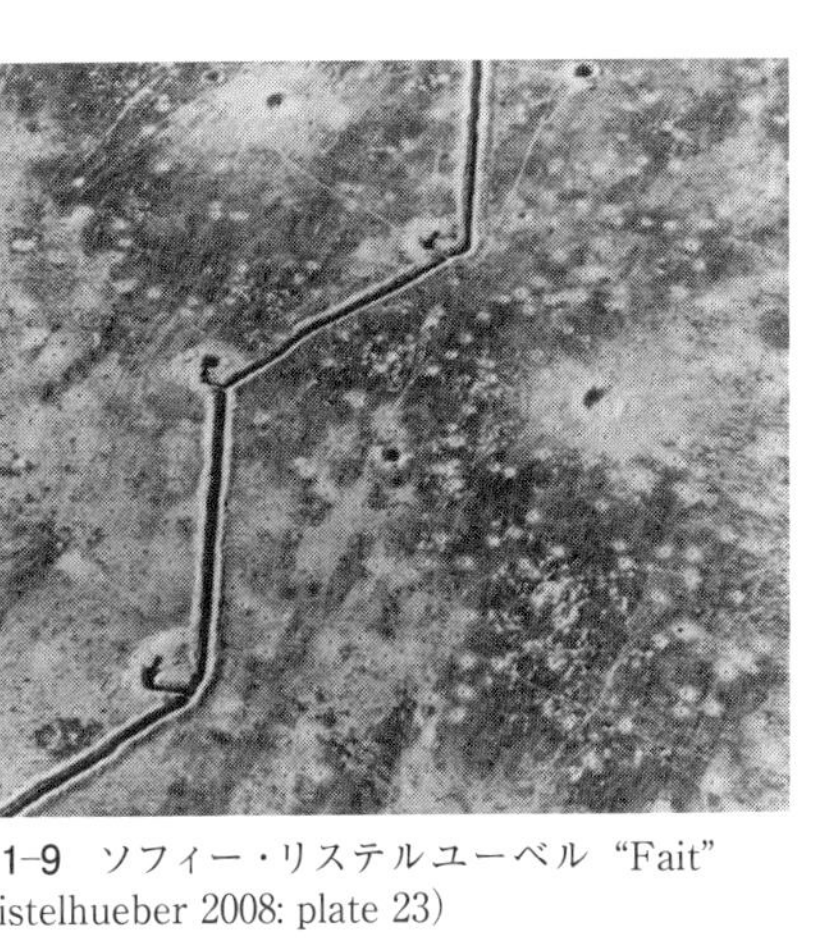
図1–9 ソフィー・リステルユーベル “Fait”(Ristelhueber 2008: plate 23)

リステルユーベルの湾岸戦争やパレスチナ紛争での写真は、ジャック・ランシエールが論じたように、「戦争が領土に刻み込んでいる傷や傷跡」を、「憤激という使い古された情動から、好奇心やもっと近くで見たいという欲望といった、もっと感じ取りにくい情動、その効果の定まらない情動へ」移動させる仕掛けとしていた。そこで呼び出されるのは、「戦略的な図式の偽りの明証性を攪乱する情動」である。ランシエールが取り上げたのは、パレスチナの道路にイスラエルが築いたバリケードの写真なのだが、それはよくメディアに登場する「分断」のアイコンとはまるで異なっていた。リステルユーベルはそれを、バリケードの「ブロックが風景の一部と成り変わる」やや上空から撮影した。そうすることで、写真家は戦場の俯瞰写真を、「目は自分が何を見ているのか前もって知ることがなく、思考は見たものをどうしなければならないのか前もって知ることがない」イメージとして提示したのである。

戦場の悲惨さを「許しがたいイメージ」として表象することは、「耐え難いスペクタクルからそれが表現している現実に対する意識へ、そしてこの意識から現実を変えるために行動しようという欲望へ、まっすぐな線をひく」試みとなる。しかしランシエールは、「再現=表象、知そして行動の間のこのような関係は、まったくの想定にすぎな」いと批判する。必要なのは、「目に見えるもの、語ることができるもの、思考可能なものの新たな布置を描き出し、それによって、可能事の新たな風景を浮き上がらせること」で、それにはまず「許しがたいイメージ」のお決まりの戦略的図式を批判しなければならない(Rancière 2008 = 2013: 133–136)。

このランシエールと認識を共有しつつカプランは、イラクやシリアで第一次世界大戦からイラク戦争まで一世紀以上にわたり継続してきた英米による「上空からの眼差し」と現地の人々の間の視覚的関係の両義性を、次のような魅力的な言い回しで要約している。

表象を生産する全体俯瞰的な視界に対し、乱れがちで、ランダムに変化する移動のネットワークは常に動き続ける。神の眼から発せられる捜査光線(search beams)を巧みに避けながら、日常のありふれた諸実践が一緒になって幾重もの記憶を縫い上げ、そのことを通じて意味ある場所を作り出していくのである。(Kaplan 2018: 2)

砂漠の蜃気楼は、地上の人々の眼差しの前にだけ存在するのではない。その蜃気楼を立ち現わさせるのは人々の視覚的実践である。偵察＝空爆を実行していく「上空からの眼差し」と、そうした眼差しに晒された人々の間には、それぞれの空爆＝空襲の時点では大量殺戮という関係しか成立しないかにも見える。しかし、それでも路上の写真家たちはその空爆の瞬間、路上で死んでいく人々の姿を撮影し続けた。そしてより多くの人々は空爆の瞬間、地下の防空壕に逃れ、運が良ければ生き延びて、「空襲」についての悲惨な経験を語り続ける。

このような語りの地平の先では、やがて本書の最後で触れていくはずの、本多猪四郎と円谷英二が組んだ『ゴジラ』や野坂昭如から高畑勲に手渡された『火垂るの墓』から大友克洋の『ＡＫＩＲＡ』へ、さらには二一世紀に入っても、こうの史代と片渕須直による『この世界の片隅に』や庵野秀明の『シン・ゴジラ』までの振幅をもって、戦後日本そのものと言ってもいいほどの文化的想像力が蠢き続けた。そしてさらに視野を広げるなら、ベトナム戦争からアフガニスタンまでの米軍の空爆に対してなされたゲリラ戦や、両世界大戦期から盛んだった様々なカモフラージュ＝偽装戦術が、空爆の眼差しに対するもうひとつのふるまいということになる。

すでに何度か参照してきた荒井信一は、両世界大戦期の戦略爆撃の進化は、モロッコ→エチオピア→常徳→重慶→広島という流れを辿ったのだと言う(荒井 2008: 64)。もちろん、この広島の前に東京や名古屋、神戸を入れてもいいし、一連の流れの最初と最後にはアフガニスタンを入れなければならない。いずれにせよ、荒井が指摘していることの要点は、空爆の発展が植民地主義といかに深く結びついてきたかである。この結びつきをあからさまに表明したドゥーエの空爆論は、一九三〇年代には修正を迫られるものの、第二次大戦末期になると同時代の総力戦主義と一体化して復活し、「住民の戦意を破壊することが戦争遂行に不可欠な一部を崩壊させる」という信仰を広めた。米英を枢軸とする連合軍は、「自由」と「民主主義」のスローガンを掲げて自国の兵士には僅かな死傷者しか出さず、なおかつ相手に壊滅的な被害を与える空爆を徹底させていくことが、最も国内世論に支持を受ける戦争遂行の方法であることも知っていた。

米軍の指揮官たちは、戦略爆撃によって日本の諸都市の民間人に何が起きるかを認識していなかったわけではまるでない。陸軍長官だったヘンリー・L・スティムソンにしても、科学界の重鎮だったブッシュにしても、自分たちの決定が多くの日本人にもたらす運命を十分に認識していた。米軍は、すでにそれだけの可視化や予測の技術を手にしていたのである。だが、彼らは決して日本への無差別爆撃も原爆投下も、止めようなどとは考えなかった。彼らからすれば、その徹底した空爆こそが、アメリカの戦争の仕方として最善の方法だったのだ。そしておそらく、こうした戦争の仕方が「最善」と考えるのは、アメリカだけではなかったはずだ。日本を含めて多くの帝国主義列強は、その植民地や周辺地域での反乱を鎮圧するときには、アメリカが日本に向けたのと同じような凶暴な眼差しをそれらの人々に向けていた。だからこれは、日米関係の問題という以上に、二〇世紀の帝国主義＝植民地主義と視覚的暴力の関係の問題なのだ。

第2章　空爆の冷戦、そしてポスト冷戦

東京から平壌へ――朝鮮戦争と空爆

日本の連合軍に対する無条件降伏から五年後、朝鮮半島で新たな戦争が始まると、米軍は彼らが五年前に日本列島でしたのと同じことを朝鮮半島でも繰り返していく。朝鮮戦争における米軍の半島への空爆は、日本空爆の容赦なき再現であり、さらなる無差別爆撃へと進むベトナム戦争の前史だった。この空爆全体を指揮したのはあのカーティス・ルメイで、彼は朝鮮半島の徹底的な空爆を提案した際のことを、後に次のように語ったという。

> われわれは国防総省のドアの下にメモをすべりこませた。メモにはこう書いてあった。「朝鮮に派遣して下さい。……行かせてくれれば、北朝鮮の五大都市を焼き払ってみせます。五大都市といっても、さほどの大都市ではないですから、すぐにやってのけます。」その返事はこうだった。四回か五回の悲鳴、「諸君の言うとおりにすると、非戦闘員をたくさん殺すことになる」とか「恐ろしすぎる」という悲鳴が返ってきたのだ。しかし結局、三年かそこらのうちに……われわれは北朝鮮、南朝鮮両方のすべての町を焼き払った……。三年のう

ちにこうした爆撃は口に合うものになったのだ。(Halliday & Cumings 1988＝1990: 132–133)

こうしてルメイは徹底した空爆を重ね、「われわれは朝鮮の北でも南でもすべての都市を炎上させた。われわれは百万以上の民間人を殺し数百万以上を家から追い払った」と語るに至る(荒井 2008: 190)。彼の頭には、わずか五年前の日本空爆の「成功」がはっきりあったから、同じ戦法を繰り返すのは容易だった。しかしルメイだけでなく、彼の副官だったエメレット・オドンネル少将も、後に連邦議会で「北朝鮮の五大都市をすべて焼き尽くし、一八の主要な戦略目標をすべて完全に破壊すること」が、彼らの目標だったと証言している(Neer 2013＝2016: 178)。

もちろん、これらの発言でルメイがどのくらい自分の「戦果」を誇張しているかはわからないが、米軍がこの戦争で朝鮮半島に投下した爆弾の総量は、第二次大戦中に日本に対して投下した爆弾の総量を上回っていた。何人かの論者がはじき出した数字をブルース・カミングスが総合しているところによれば、第二次大戦中に米軍が日本列島を中心にアジア・太平洋地域に投下した爆弾の総量は約五〇万トンであるのに対し、朝鮮戦争中に米軍は朝鮮半島に六三万五〇〇〇トンの爆弾を投下している。前者により、日本では六〇都市が平均四三%破壊されたのに対し、北朝鮮では全市街地の「四〇~九〇%」が破壊された。主要な二二都市のなかの一八都市では、たとえば平壌は七五%が、咸興は八〇%が、興南は八五%が、沙里院は九五%が、新安州は一〇〇%が破壊されている(Cumings 2010＝2014: 183–184)。

朝鮮半島は全体でも日本列島よりも狭い(日本の本州とほぼ同じ広さ)。そのなかで、北朝鮮に絞り込んでいくならばさらに狭い地域に、日本空爆を上回る空爆が集中的に行われたのだから、一九四五年の日本以上に凄惨な焼け野原が広がっていった。この徹底的な破壊を米軍がいかに行ったか。カミングスは公式記録から次のような一文を引用している。

そこでわれわれは民間人を、味方の民間人を殺し、住民の家屋を空爆し、人が住んでいる村々にナパーム弾を浴びせて焼き払った――住民のなかには女性も子どもも、それから人数にしてその十倍にのぼる共産党の隠れ兵士どもがいた。パイロットたちはしなければならなかったことの衝撃から、腹の底からこみあげてくる吐瀉物を放ちながら母艦に帰ってきた。

（Cumings 2010＝2014: 184）

もちろん、空爆を受けた北朝鮮最大の都市は平壌だった。平壌空爆が始まったのは一九五〇年一二月一四日で、翌年一月三日と五日には大規模なB29による空爆が行われ、平壌市街は灼熱地獄のような状態になった。この空爆の手順は東京空爆と同じで、まず偵察機が空爆地域の航空写真を撮影し、そのデータに基づいて爆撃機は低高度から大量のナパーム焼夷弾を落としていった。その結果、市街は「ひとたび燃えだすと、爆撃機が一機増えるたびに火の手は広がるばかり」となった（Neer 2013＝2016: 182）。このような平壌への焼夷弾攻撃が二年近く続いたのである。とりわけ一九五二年七月一一日の空爆は激烈で、午前一〇時、午後二時、六時、さらに夜間と爆撃が続けられたという。さらに平壌では、同年八月二九日にも激しい空爆があり、多数の民間人の命が失われた。こうして、かつては人口五〇万だった平壌で、空爆後も残った建物はわずかだった。空爆後の焼け野原は一九四五年の東京以上の壮絶さで、前述のオドンネルは、空爆は完全に行われ、朝鮮半島全土で「あらゆるものが破壊され、建物と呼べるようなものは今はもうほとんど残っていない」と発言する(Neer 2013＝2016: 185)(図2-1)。

カミングスは、これらの爆撃をめぐって語られる米兵たちの述懐の基調にある思考のモードを鋭く言い当てている。すなわち、「あいつらは野蛮人だ。だからわれわれには罪のない人びとにナパーム弾を浴びせる権利があるのだ」(Cumings 2010＝2014: 184)。この強固な人種差別主義を潜在させつつ、アメリカは朝鮮戦争が休戦状態になってしばらくすると、自分たちが半島でしたことをさっさと忘れた。だからカミングスは、今日、半世紀前に朝鮮半島でアメリカが民間人の犠牲をまったく気にせず無差別爆撃を続けたことについて、「自分がこの事実と関係があると感じるアメリカ人は、ほとんど皆無に近いだろう」と述べる。しかし、「北朝鮮を訪れる外国人が戦争について最初に耳にするのは、このことなのだ」(Cumings 2010＝2014: 173)。今日の北朝鮮の頑なさは、この壮絶な原体験のトラウマと無関係ではないだろう。

朝鮮戦争で半島に徹底した空爆が行われたのは、戦争勃発から間もない段階で制空権が完全に米軍側のものとなったことと関係がある。地上戦では、まず北朝鮮軍の南下があり、それを仁川から上陸したマッカーサー軍が押し返し、さらに中朝国境を越えて南下した中国人民軍が押し戻していくという周知の展開があったのだが、他方で戦争全体を通じ、空からの攻撃のための制空権は一貫してアメリカ側にあった。たしかに開戦時には、北朝鮮軍は百数十機の戦闘機を持って

図 2-1 空爆後の平壌(Halliday & Cumings 1988＝1990: 214)

おり、ソウル空爆もしたが、早々にそれらは米空軍によって破壊されてしまった。遅くとも一九五〇年七月二〇日頃までにアメリカは朝鮮半島の制空権を確立しており、その後もこれが崩れることはなかった(和田 2002: 176)。しかもこの時、米軍は日本空爆以上の度合いでナパーム弾を使用していった。朝鮮半島の都市も、日本列島の都市と同様に木造建築を基本とする。だからルメイからすれば、ペンタゴンの上官たちに冷戦の指揮官としての自身の「有能さ」をアピールするのに、朝鮮半島の民間人たちを焼き払っていくことが格好の「材料」だったわけである。

カミングスは、朝鮮戦争で使用されたナパーム弾は、ベトナム戦争でのそれよりもはるかに凄惨な影響を及ぼしたはずだと言う。なぜならば、朝鮮空爆は人口密集地や産業地域にも徹底して行われたからだ。アメリカ側は、「戦術要地におけるすべての命を破壊して、われわれの兵士たちの命を救う」ことを目指していた(Cummings 2010＝2014: 176)。徹底した空爆が、この極限的な不均衡を実現する。それどころか米軍は、まさに不均衡の究極である原爆の投下も真剣に検討していた。沖縄の嘉手納基地に原子爆弾が運び込まれ、いつでも史上三度目の原爆投下を実施できる状態にあった。そもそも当時、多くの日本人を驚愕させたトルーマン大統領によるマッカーサー司令官解任の真の理由は、「単にマッカーサーの度重なる不服従だけではなく、ワシントンが原爆使用を決定した際、現場に信頼しうる指揮官が必要であったためだということが、今日では明らかになっている」という(Cummings 2010＝2014: 179)。マッカーサー自身、朝鮮戦争での原爆使用には積極的だったが、余りに自信家の彼には、トルーマン好みの官僚制的指揮系統からすれば不安要素が多すぎた。

ベトナム戦争と空爆

一九五〇年代から七〇年代まで、アジアや中東、アフリカで勃発していく戦争には、総じて植民地解放闘争とそれを抑圧・懐柔しようとする旧宗主国、それを代替したアメリカとの間の戦争という共通性がある。アルジェリアとベトナムでの戦争はフランス植民地の解放闘争であったし、同じ闘争はマレー半島ではイギリスに対し、インドネシアではオランダに対して生じていた。アフリカの事情と東アジアの事情が異なるのは、東アジアの場合、この解放闘争が、それらの地域における日本の急膨張と占領、そして崩壊という衝撃を経て燃え広がった点にある。

一九四四年から四五年にかけての日本の劇的な崩壊によって東アジアには権力の大きな空白が

生じた。この空白を、旧宗主国は再び旧体制で埋めようとし、植民地の人々は民族独立の契機に変えようとした。そして帝国日本と太平洋を挟んで対峙し、これを叩き潰したもう一つの帝国がアメリカで、やがて旧宗主国や日本に代わり、アメリカこそが新たな帝国的勢力としてアジアにより深く進出してくることになる。冷戦とは、様々な意味でポスト帝国主義の体制であり、両世界大戦で帝国主義が世界から消えたわけではない。

そして空爆が、そもそも植民地主義と深く結びついてきた技術の行使である以上、旧宗主国が民族独立派を鎮圧する常套手段としてこれを使ったのも当然である。だが、荒井信一によれば、戦後に実戦配備されたジェット戦闘爆撃機は、ゲリラ鎮圧には役立たなかったようだ。スピードが速すぎて、隠れて移動するゲリラの動きを探知することができなかったからである。むしろ、地上を目視できる低速の旧式練習機のほうが有効だったという(荒井 2008: 191–192)。いくら爆撃能力が高くても、相手を正確に探知できなければ、植民地のゲリラを爆撃するには無用の長物なのだ。そもそも帝国と植民地の軍事力には、両大戦期までの爆撃機で圧倒的な差がついていた。それ以上は、オーバースペックだったのである。

そして、このような第二次大戦後のアメリカによる空爆の残虐さの極限を示したのがベトナム戦争であった。インドシナでの戦争が「フランスの戦争」から「アメリカの戦争」に転換するのは一九六〇年代である。すでに五〇年代から、アメリカの南ベトナムへの肩入れは強まっていたが、これが「北」との戦争に発展するのは、一九六五年に始まる「北爆」、すなわち北ベトナム空爆からだった。アメリカの空爆はやがて南北ベトナムとラオス、カンボジアも含むものとなる。

松岡完は、「投下された爆弾量は朝鮮戦争で三一一万トンあまり、第二次世界大戦でも六一〇万トンあまり、うち日本には原爆を除けば一六万四千トンにすぎない。ところが一九六五～七三年に限っても、インドシナ半島には一四〇〇万トンを超す爆弾が降り注いだ」と書いている（松岡 2001: iv）。朝鮮戦争や日本空爆での爆弾量が他の資料と合致しないが、ベトナム戦争で落とされた爆弾の総量が、日本空爆や朝鮮戦争でのそれをはるかに上回ったことは間違いない。

実を言えば、ベトナム戦争が本格化する初期段階でアメリカ空軍参謀総長だったのも、あのカーティス・ルメイである。彼は、「ベトナムを石器時代に戻してやる」と豪語したとされ、日本空爆と同じような発想でベトナム空爆を推進した。ルメイにとって、日本空爆で日本人を徹底的に叩きのめして降伏させたのは大変な成功体験で、「徹底的な焦土作戦が日本を降伏に追い込んだのと同様、大規模な砲爆撃でホーチミン・ルートの起点を叩くことで、いわば補給路の元栓を締めさせる」ことができると考えていた。そして、「北ベトナムに十分な苦痛と恐怖を与え、その経済を窒息させれば、和平交渉もアメリカに有利に運ぶ」はずだった（松岡 2001: 76）。つまり彼は、ベトナム戦争の時代になっても、半世紀前のドゥーエ・テーゼの信奉者だったのである。このようなイデオロギー的連続性のなかで、アメリカの空爆は、日本列島から朝鮮半島へ、そしてインドシナ半島へと標的を移しつつ、無差別爆撃の範囲を拡大させ続けた。

当然ながら、ベトナム戦争における米軍の空爆はハノイにも及んだが、東京空爆と比べてハノイ空爆の顕著な特徴は、死傷者の相対的な少なさだった。たとえば戦争末期、一九七二年のハノイ空爆による死者は一三〇〇人余りだったとされる。東京空爆の一〇〇分の一近い。この差は、このときの空爆が、東京や大阪への空爆のように都市を住民もろとも焼き尽くしてしまうことを必ずしも意図しておらず、むしろ都市インフラの破壊に照準していたことが大きい。しかも、真夜中に無防備ななかで突然、B29の大軍団の猛爆撃を受けた東京とは異なり、ハノイ市民はそれなりに米機の空爆を予期していた。ベトナム戦争の悲惨さは、都市以上に農村で顕著であり、米軍はハノイのような都市を破壊する以上に、南ベトナム農村に隠れる解放戦線の兵士たちを、村の住民もろとも徹底的に殺戮したのである。

真珠湾への奇襲攻撃という「事件」によって、第二次世界大戦でアメリカは（9・11のテロにおける「アルカイダ」と同様に）「日本」を悪魔化することができたので、爆撃目標の選定はシンプルだった。しかし冷戦期、アメリカ政府は中国やソ連の動き、北ベトナム政府と南ベトナム解放戦線の関係、国際世論やアメリカ国内の世論を計算しながら標的の範囲や手順を決定していかなければならなくなっていた。実際、北ベトナムへの爆撃では、爆撃機のパイロットたちには多くの制約が課せられていた。たとえば、「目標を視認できない限り爆撃するな。地上のミグ戦闘機は攻撃するな。空中で敵に遭遇しても先に撃つな。中国国境近くまで敵を追うな。敵が発射しない限り地対空ミサイル基地も攻撃するな。人口密集地を避け、許可された軍事目標だけを爆撃せよ」等々（松岡 2001: 258）。だから北爆では、ハノイやハイフォンなどの市街地に近い軍需工場や港湾施設、中越国境付近の一帯などは、初期の空爆目標から外されていた。都市部にはしばしばいたソ連の顧問団や国境付近の中国人を巻き添えにし、両国が堂々と戦争に参入してくるのを避けようとしていたのである。

こうした戦略的には疑問の多い（としか現場の兵士たちには思えない）配慮に爆撃機のパイロットたちは苛立っていたが、彼らも自身の行動が逐一上層部の監視下にあることを知っていた。実際、「ジョンソン大統領はマクナマラ国防長官ら側近とともに毎週火曜日に昼食会を開き、ベトナムの地図を横目に爆撃目標の選択、使用する兵力や攻撃のタイミングなどまで電話一本で現場に命令を与えた」という。しかも、「突然の目標変更や出撃中止は日常茶飯事」だったのに加え、大統領と国防長官、統合参謀本部、太平洋軍司令官等々の間で決定についての確認が行われている間に、攻撃そのものの時宜を失してしまうことも少なくなかった（松岡 2001: 257）。

対日戦で空爆を重ねたパイロットたちの能天気さとは正反対に、ベトナム戦のパイロットたちは、「自分たちは片手を後ろ手に縛られ、片目を覆われて、ポケットに半分しか弾薬を与えられずに出撃させられていたようなものだ」とぼやいていた（松岡 2001: 258）。すでに空爆は、一方的に「敵」を殲滅するというよりも、戦争の複雑なゲームのなかでのカードとなっていたのだ。その結果、ベトナム戦争では、日本空爆や朝鮮空爆のような都市全体への無差別爆撃ではなく、農村や山岳部の解放戦線の影響の強い地域への無差別爆撃という形をとったのである。

しかし、ここに陥穽があった。爆撃機からすれば、東京空爆のように相手が動きようのない都市であれば、偵察機による精密な航空写真をベースに標的についての地図情報が得られ、これに従ってマニュアル通りの爆撃をしていけばよかった。ところがインドシナの農村部や山岳地帯が相手となると、北ベトナム側が設置していた地対空ミサイルは、状況に応じて設置場所を変化させるし、南ベトナムでゲリラたちは森林のなかを移動し続ける。さらにデルタ地帯では、川は氾

図 2-2　ベトナム・チャンバンへの空爆で郊外で逃げまどう村人たち(Photo by Nick Ut)

濫すると簡単に流路を変えてしまうのだった。

つまり、爆撃機のパイロットたちは、事前に偵察機が撮影した航空写真から想定されるのとはまったく違う上空からの風景を現地で目の当たりにすることになる。日本列島の都市空爆では猛威を発揮した物量で相手を圧倒するアメリカの空爆は、東南アジアのジャングルとそこに蠢くゲリラを前に、意外な脆さを露呈させていったのだ。結局、米軍は、思うように戦果が挙がらない焦りからか、農村部への無差別爆撃をエスカレートさせ、ナパーム弾で農村を焼き払う残虐行為を重ねていく(**図 2-2**)。これには世界から、また米国内からも厳しい非難の声が挙がり、反戦運動の盛り上がりのなかでアメリカ政府は窮地に陥る。

巨大爆撃機と森のゲリラ戦

このベトナム空爆で用いられたのは、もはや

B29ではなかった。同機をさらに巨大化、高速化し、この種の大型爆撃機の進化の最終形となったB52がはるか成層圏からの無差別爆撃を続けた。しかし、そもそも同機が開発されたのは、米ソ対立が危機を孕むなかで、ソ連に対していつでも核攻撃をできる戦略爆撃機としてであった。そのため、機体中央部は大型で大重量の核爆弾を搭載可能で、核弾頭を装備した空中発射型の巡航ミサイルも搭載していた。

実際、同機は核爆弾を搭載したまま何度か危機一髪の墜落事故を起こしている。一九六六年にはスペイン上空でB52と同じ米軍の給油機が衝突し、搭載していた四発の大型核爆弾のうち二発で起爆用の部分が爆発し、プルトニウムとウランが飛散した。安全装置が作動して核爆発そのものは避けられたが、巨大事故になる可能性があった。さらに、一九六八年にグリーンランドで起きたチューレ空軍基地米軍機墜落事故では、海氷上で核弾頭が破裂・飛散し、大規模な放射能汚染が生じている。こうした核戦争や放射能汚染のリスクのある「死の鳥」が、沖縄やグアムの基地からインドシナ上空に飛び立っていたのである。

B52はもともとソ連との戦争が核戦争となることを想定して設計されていたから、飛行高度や爆弾搭載能力は圧倒的でも、狭い範囲に絞り込んで爆撃するのが得意だったわけではない。たとえば、ベトナム戦争でB52が最初に遂行した一連の作戦は「アークライト」作戦と名づけられていた。主にグアムの米軍基地から飛び立ったB52が、地上管制レーダーの支援によって空爆を展開したのである。しかし、地上管制側と細かく連絡を重ねても、成層圏ほどの高さから落とされる爆弾が地上に正確に着弾する精度など望むべくもなかった。結局、かなり広い範囲を「焼き尽くす」点では、日本空爆や朝鮮空爆と大差はなかった。

つまり、Ｂ52は本来の性能をダウングレードし、Ｂ29でもできただろう大量の爆弾投下をしていったのだが、その効果は日本空爆よりもずっと低かったと想定される。そもそもインドシナ半島は日本や朝鮮半島の都市に比べれば人口密度が低く、人々は散在していた。落とした爆弾の量は日本空爆をはるかに凌いだが、東京空爆のように一夜にして約一〇万人もの命が失われるようなことは起きていない。解放戦線がしていたのはゲリラ戦だから、拠点から拠点へと森林地帯を移動しながら、空爆の隙を潜り抜けていく。このような相手を制圧するのに、はるか上空の大型機からの爆弾投下が効果的な戦法だったのか、多くの農民を巻き添えにする意味でも、投下する爆弾の量に比して相手への損害が少ないという意味でも、問題があった。

こうした条件下で、ベトナム派遣軍司令官ウィリアム・ウェストモーランドは、南ベトナムで解放戦線の拠点(解放区)があると推定された地区の周囲に「自由空爆区域」を設定し、その域内は無制限に爆撃をして構わないという方針をとった。解放戦線の拠点らしき場所はそこら中にあったから、結局、南ベトナムの国土の大半が「自由空爆区域」になってしまった。米軍は「南爆」を「北爆」の三倍の規模で展開し、南ベトナム全土を焦土としていく。その際、ゲリラ兵士一人を殺すのに民間人四人を巻き添えにしたともされ、当然ながら空爆をすればするほど、アメリカと戦おうとする人々が増えていった。「南ベトナムには共産主義を嫌う人々は多かったが、といって田畑や家屋を破壊し自分たちを苦しめるアメリカ人や、その手先も同然の南ベトナム政府を好きになる道理はなかった」(松岡 2001: 84)。

同様の現象は、北ベトナムでも生じていた。アメリカの激しい北爆は、歴史的に「数限りない天災や外敵、つまり中国歴代王朝の侵攻に直面し、一致団結してきたトンキン人の一体感と抗戦意欲を刺激した」。彼らは、「小舟、自転車、もっこ、トラック、象などを用い、橋が破壊されれば数時間程度で竹製や木材の浮き橋を架けた。石油のかわりに石炭や薪を使い、無数の経路を利用して、南〔の解放戦線〕への物資輸送も絶やさなかった。もともと工業への依存度が低かったし、鉄道も道路も水路も近代化されていない分、〔空爆からの〕立ち直りも早かった」（松岡 2001: 77）。つまり、ルメイが前提とし、日本空爆で悲惨な結果をもたらしたドゥーエ・テーゼとは正反対の現象が、ベトナム空爆では生じていたのだ。南北ベトナムに降り注いだ米軍の大量の爆弾は、ベトナム人の反米意識を強固にし、彼らの抗米戦の手助けをしていたようなものだった。

未来を予測する空爆システム

都市部の総力戦では相手を壊滅させた方法が、農村や山岳地帯でゲリラ戦を相手にしたときに通用しなくなるというこの状況の根本にあったのは、爆撃機の高度と爆撃の精密さが逆相関するという第二次大戦時から認識されていた問題だった。攻撃目標を正確に破壊するには標的を十分に目視できるように高度を下げなければならないが、第二次大戦末期の日本やその直後の朝鮮半島のように制空権が完全に掌握されている場合を除き、高度を下げすぎることはそれだけ撃ち落とされやすくなる。他方、高度を上げていけば標的を確実に破壊することは難しくなり、殺戮範囲を広げてしまう。真珠湾奇襲により「日本」が悪魔化されている場合は、空からの大量殺戮も原爆投下もできてしまったわけだが、冷戦が生んでいたのはずっと複雑な政治状況だった。ルメイの戦法は、もはや過去のものとなっていたのだ。そうすると米軍が選択できた方向は、一方ではB52が実現していたように高度を成層圏まで上げながら、なお標的を正確に可視化し、仮にその標的が動いてもそれに応じられるような技術を開発していくことであった。

ポストコロニアル批評と批判地理学を架橋する仕事を重ねてきた地理学者のデレク・グレゴリーは、第二次大戦末期の日本空爆で全面展開した現代の空爆戦略が、ベトナム戦争での失敗を経て新たな段階に進化したと指摘している(Gregory 2013: 41–69)。グレゴリーによれば、ベトナム戦争で米軍が目指したのは、敵の位置に関する情報が入ってから空爆をするまでの時間を可能な限り短縮することだった。そのためには一連のプロセスを自動化する必要があった。こうして空爆対象地域は細かく格子状に分割され、そのどこかに敵がいることが検知されると、地上基地の大型スクリーンで空爆対象地域を特定した指令がその地点の近くを飛ぶ爆撃機に伝えられ、二〇分後には爆撃機が指定地区を空爆する仕組みが作り上げられた(図2-3)。

この場合、爆撃機のパイロットも地上の上官たちも、攻撃する相手そのものは見ていない。パイロットにとって、爆撃地点は画面上に表示されたマーカーでしかなく、爆弾が正確に落下するとそのマーカーが画面から消える仕組みだった。空爆はすでにすっかり抽象化され、ビデオゲーム化されていた。

米軍がベトナム空爆を始めた時点で、彼らの目標は、南ベトナムの解放戦線への北ベトナムからの補給路を破壊することだった。そのため、彼らは標的に関し、軍事的利点、自軍の爆撃機の

図2-3　ペンタゴンで大型スクリーンに目を向ける兵士たち

リスク、想定される民間人被害、中国やソ連が介入してくる危険という四つの観点から精査を行っていた。だが、複雑な諸要素を勘案しながら進められたベトナム空爆は、日本列島や朝鮮半島でのような戦果を挙げられず、むしろベトナム人の抗戦意識を煽り、目指したのとはまったく逆の結果を生む。日本空爆以来の戦略爆撃の方法は、現代のゲリラ戦には通用しなかったのである。結局、ベトナム戦争を境にして、爆撃機の遠隔操作、リアルタイムでの標的の可視化、目標監視から攻撃までのネットワーク化されたシステムの開発という三つの技術的展開が進んでいったとグレゴリーは述べる。そしてこれが、やがて人工衛星による絶えざる監視システムやドローン爆撃などの超高精細な可視化と遠隔操作技術の開発を加速させるのである。

だがこれは、そもそも日本空爆で重要な役

割を果たしたヴァネヴァー・ブッシュが，コンピュータを軍産複合体制の基盤に据えることで実現しようとし，MITでブッシュの影響下にあったノルベルト・ウィナーやクロード・シャノンが，前者はサイバネティクス理論によって，後者は通信理論によって基礎づけた方向だったのではないか。

知られるように，サイバネティクスの原点にあったのは，都市の建造物のように不動の標的ではなく，絶えず動く標的に遠くから砲弾をいかに命中させるかという問いだった。というのも，「第二次大戦の初期におけるドイツ空軍の優勢と，イギリスの守勢とから，多くの科学者が高射砲の性能向上をはかろうとしていた」。すでに戦争が始まる前から，彼らには兵器自体の内部に，制御装置として「必要な計算機構一切を組みこむ必要のあることがはっきりわかっていた」。当時，すでに戦闘機の速度が，それを撃ち落とそうとする砲弾の速度に近づいており，そのような戦闘機を撃ち落とすには，地上で照準を定めるのではなく，「ある時間後に空中のどこかでぶつかるように発射する必要」があり，それには戦闘機の「未来の位置を予測する」必要があったのだ（Wiener 1948 = 2011: 33–34）。

もちろん，何も環境条件が変化しなければ，飛行機は今までと同じ軌道を飛ぼうとするのだが，戦場ではそれが絶えず変化する。それでも相手が飛んでいくであろう「曲線の将来を予測するということは，その過去にある種の演算操作を施すこと」によって可能なはずだとウィナーは考えた。彼は，第二次大戦初期にMITでこうした提案を行い，「ブッシュ博士の微分解析機を出来あいのモデルとし，それを使って要望されていた火器制御装置を試作」するプロジェクトがスタートした。こうしてウィナーは、「未来の予測という、人間特有の頭脳活動のお株を奪ってしまうための電気機械系の研究」を本格化させ、そうした制御工学の鍵になる考え方がフィードバック回路にあることを発見する。たとえば私たち自身、ある環境のなかで適切な運動をしていこうとするとき、「その運動の原型と、実際に行なわれた運動との差を、また新たな入力として使い、このような制御によってその運動を原型にさらに近づける」フィードバックを重ねている（Wiener 1948＝2011: 35–36）。鉛筆を拾うという単純な動作を考えてみても、そこでは視覚的な信号と筋肉知覚など無数のフィードバックが働いている。このフィードバックが正常に作動している限り、私たちは自分の体のどの部分がどう結びついて運動が生じているのかを知る必要はない。そのような環境と自己を往還するフィードバックの計算回路を適切に兵器に埋め込めば、その兵器は自ら、環境条件の変化に応じてその軌道を自動修正していくことができるはずだ。

ウィナーは、このフィードバック回路の典型例が人間の中枢神経系にあると考えていた。つまり、「中枢神経系はもはや、感覚から入力を受けて筋肉に放出するだけの独立な器官であるとは思えなくなった。それとは反対に、中枢神経系のきわめて特徴的なある種の機能は、循環する過程としてのみ説明できる」（Wiener 1948＝2011: 39）。この循環過程をコンピュータで自動処理可能なものとすることで、環境条件の変化に対して人間の中枢神経系をはるかに超える高速処理が可能になる。そのような自動処理機械は、「印象（impression）の流れ、通報の流入、出てゆく通報の動作の流れなどによって外界と効果的に連絡」する。この印象を受ける器官とは、「人間や動物の感覚器官に相当する」。それらの器官には、「光電池やその他の受容器、自分の出す短いヘルツ波を受けるレーダー装置、味覚器に当る水素イオン・ポテンシャル記録器、温度計、各種の圧力計など」が含まれる。そして、「自動機械が動作しているかぎり、その動作の法則そのものが、過去にその受容器を通ってきたデータによってある変化を受けやすいが、これは学習の過程に似ていないこともない」とウィナーは書いていた(Wiener 1948 = 2011: 99–100)。

このような考え方を実装していけば、発射場所がたとえ成層圏の上空でも、爆弾の中のフィードバック回路を働かせて指定された標的に、仮にその標的が動いていても命中させることが可能になる。ウィナーの理論が構想されていたのは第二次大戦中だったが、大戦中の空爆にこの考え方が生かされたわけではない。そもそも当時の米軍にとって最大の攻撃目標だった日本では、投下する爆弾にフィードバックを実装する必要がなかった。すでに論じたように、日本空爆で米軍は高精細の航空写真を撮影し、地上の精密な地図を手にしていたが、この標的は動かなかったし、爆撃は都市全体の無差別大量殺戮を狙っていたから、爆弾の軌道を修正していく必要などなかったのだ。しかし、それから二〇年以上を経て、ベトナム戦争後にゲリラやテロが軍事的に大きな意味を持ってくると、兵器のインテリジェント化が重要な意味を持ち始める。

大澤真幸がウィナーの理論への岩波文庫版の解説で書いたように、「『サイバネティックス』というアイデアが、つまり「制御の科学」を成り立たせている基本的な着想が、古典主義時代にとっての「表象」や一九世紀の西洋の諸学問にとっての「人間」とよく似たような意味で、二〇世紀中盤の知の諸領域を横断して、それらを構造化する中心をなして」いった(大澤 2011: 404)。その際、このパラダイム転換的な「アイデア」が登場するのは、まさしく第二次世界大戦中の空爆をめぐる技術開発のなかであり、その空爆技術の変化にはっきり現れていく。つまり、攻撃目標とその周囲をリアルタイムで眼差し、そうして知覚された世界の情報を運動制御系に伝え、変化に応じて自らの軌道を修正させていくという可視化技術と制御工学、さらには通信工学の結合は、ベトナム戦争後の空爆を決定的に変化させるのである。

ウィナーが予言的に述べていたように、地上から上空へ、さらに宇宙まで広がっていった現代の戦争は、単なる空間的拡張だけでなく時間的な拡張でもあった。そしてやがて、過去のデータを活用しながら未来の予測において戦闘が繰り広げられていくことになるのである。言うまでもなく、今日ではそうした未来の予測は、とりわけＡＩ技術によってさらに高度化しているが、そのＡＩの基礎にあるのはもちろんディープラーニングである。様々な技術革新があったにせよ、このディープラーニングに至る技術進化の原点は、やはり第二次大戦時、ウィナーたちが兵器の制御にとってフィードバック回路が根本的に重要なことを発見したときにあった。

湾岸戦争と「ポルノグラフィックな監視」

要するに、ベトナム戦争がアメリカ軍に突きつけたのは、もはや地理的に固定された敵の本陣とか前線とかいった区別が失われ、ゲリラ化し、分散した敵が絶えず動き回り、その拠点の位置も頻繁に移動し、時には自然地形すら変化してしまう現代のノマド化し、ネットワーク化した戦争において、いかに動き続ける敵を監視し、捕捉し、殲滅するかという問いであった。もはや対日戦で効果を発揮した航空写真や都市地図は、その静的な不動性故に無効だった。大型偵察機が空爆対象を精密に撮影し、作戦本部がそれに基づいて空爆計画を立てているのでは遅すぎるのである。ほとんど常時、敵が潜んでいるかもしれない一帯を広くかつ精密に観察し、同時的にその映像が電送され、ほぼ自動的に解析が重ねられていくような仕組みが必要だった。

こうした必要を満たすのは、もはや時々しか敵地上空を飛ぶことができない大型偵察機ではない。より小型で、無人化された、つまりドローン偵察機の仕組みが必要だった。ドローンがほとんど常時、ゲリラが潜むかもしれない領域の上空にあり、地上を観察し続け、その地上の情景が遠隔地から把握可能になっていく必要があった。

だが、容易に察せられるように、こうした仕組みが実効的なものとなっていくには、いくつもの技術的前提が整う必要があった。まず何よりも、無人機が指定された軌道を安定的に飛び続けるためには、さらにその上空から様々な飛行物体を観察する人工衛星の眼差しが必要だった。つまり「上空からの眼差し」は、地上を観察し続けるドローンの眼差しとそうしたドローンを制御する衛星からの眼差しの二つの上空での層を必要としていた。しかも、地球をはるか上空で覆う人工衛星のネットワークが整備されれば、ドローンによって撮影された映像を衛星経由で即座にワシントンや米国内の基地に送ることもできる。今や「上空からの眼差し」は宇宙大となり、その監視のシステムが常時、全地球を包み込むのである。

このようなドローンの眼差しへの技術的展開を、次章では歴史を遡って詳しく検証していくつもりだが、ベトナム戦争での挫折を経て更新された米軍の空爆システムが本格的に実戦展開されていくのは、いうまでもなく湾岸戦争からイラク戦争への流れにおいてである。換言するなら、アジアが戦乱の時代から成長の時代へと大きく転換する一九八〇年代以降、グローバルな規模での軍事的暴力は、東アジアよりもアフガニスタン以西、とりわけイラク・シリアを中心とする中東地域に集中していく。そしてその中東での空爆は、日本列島から朝鮮半島、ベトナムへと連続的に展開してきた空爆とは質的に異なるものとなる。

もちろん、中東は第一次大戦の頃から繰り返し英米の空爆を経験してきた。すでに触れたように、イギリス軍は第一次大戦中、中東での空爆を実施しているが、これはこれらの地域に莫大に埋蔵されている石油資源に対する権益確保を狙ったものだった。大戦が終わると中東でも民族独立運動が盛り上がるが、当時、英国の軍需大臣の任にあったウィンストン・チャーチルは、「私は断固としてこのような文明化されない部族には毒ガスを使うことを厭わない」と発言、地上軍を派遣するのではなく空爆と毒ガスの使用による独立運動鎮圧を目指し、九〇〇〇人以上のアラブ人を殺戮していった。やがて中東が湾岸戦争からイラク戦争に至る過程で経験する空爆は、そうした第一次大戦の頃から続く「植民地的近代(colonial modernity)」の延長線上にある「植民地的現在(colonial present)」の事例なのだとグレゴリーは論じる(Gregory 2004: 145–149)。

一九九〇年八月二日、イラクのクウェート侵攻に端を発する湾岸戦争で、米軍を中核とした多国籍軍は、翌年一月一七日からイラク及び占領下のクウェートに六週間にわたる巡航ミサイルと爆撃機による徹底的な空爆を続けた(「砂漠の嵐」作戦)。この空爆により、イラクの防空施設や通信網、兵器工場や石油精製所、インフラは破壊され尽くした。だから二月下旬に地上軍の進攻が始まる頃には、イラク軍は実質的に壊滅状態となっていた。こうしてアメリカは、国際社会と共に「サダム・フセイン」を悪魔化し、これを叩き潰すことで、ベトナム戦争以来、トラウマとなっていた「敗者としての自己」を忘れることができたのだ。この最終段階のイラクの状態は、半世紀前の日本に似ていなくもなかったから、アメリカ政府がイラク占領も日本占領のように上首尾にいくと思い違いをしても不思議ではなかったかもしれない。もちろん、これはとんでもない思い違いで、アメリカの占領支配が敗戦国の人々から継続的な自発的服従を導き出すことに成功したのは、ほぼ戦後日本にとどまるのである。

そして、この戦争がベトナム戦争と決定的に異なっていたのは、人工衛星や空軍機からの眼差しによって戦場が徹底的に可視化されただけでなく、そのような眼差しが衛星放送を通じて全世界に同時的に共有されたことである。すなわち、ここにおいてメディアとしての空爆とテレビなどの狭義のメディアそのものが一体化していった。一方には悪魔化されたサダム・フセインの軍隊がおり、他方には侵略されたクウェートを救うべく派遣された多国籍軍がいる。両者の戦闘の模様が、はるか上空からのカメラによって、刻一刻と全世界のテレビに流され、日常の一部として消費されていったのだ。何よりも重要なことは、このようなメディアの作用によって、全世界の人々の眼差しは、空爆するアメリカからの眼差しに一体化する。グレゴリーは、この眼差しに生じる情動的な興奮を象徴的に示す事例として、一九九五年一二月一六日のガーディアン紙に掲載された次のような特派員のバグダッドでの体験談を引用している。

幾晩か、私たちはこのショーのもっといい眺めを求めて（ホテルの）最上階に昇った。そこで標的になった場所がどこかをそれぞれ言い当てたのだ。それは、殺人映画の実演を最前列のシートで観ているようなものだった。違いといえば、私たちは一度も血が流れているところを見なかっただけだ。〔略〕閃光が輝き、検閲を通り過ぎて赤い滲みが忍び寄るのを感じる。しかし、それもだいたいにおいて楽しめるものだった。ステルスミサイルが飛び、スマート爆弾が落ちる、ロケット弾が人の心を読み透かし、曳光弾の閃光が夜空に輝く。F16戦闘機が空を飛び交う戦争ゲーム。（Gregory 2004: 162）

フィルム・スタディーズの多くの著作で知られるロバート・スタムは、この地球大に広がり、消費されていった人工衛星や上空から戦場に向けられる眼差しを「ポルノグラフィックな監視」と呼んだ。スタムが指摘したのは、湾岸戦争を通じたメディアの軍事化である。すでに論じてきたように、軍事兵器はそもそもメディアとしての次元を含んでいるのだが、湾岸戦争はその逆のベクトル、つまりテレビのような生活のなかのメディアの軍事化も推し進めていった。この軍事化は、二〇世紀を通じた軍事における監視やシミュレーションの技術的発達と大衆的な視覚装置としてのテレビが工学的、イデオロギー的に「結婚」していったことの結果であるとスタムは言う。それにより、私たちはテレビの眼差しを通じて世界のどこにでも移動できるだけでなく、軍事技術がもたらす一望監視的な視線が戦場の隅々までを可視化していくのに応じ、自らその「ポルノグラフィックな監視」を楽しむように仕向けられていくのである(Stam 1992: 102–103)

いうまでもなく、スタムが「ポルノグラフィックな」と名づけたのは、クリスチャン・メッツの映画論におけるカメラの眼差しとの同一化による窃視的な快楽についての議論を踏まえてのことだが、ここでフィルム・スタディーズがこの問題で重ねてきた考察の深みにはまる余裕はない。スタムが論じたように、湾岸戦争は、そうした窃視的快楽を、ヒッチコック的な恐怖映画に止まるのでも、あるいはルメイ的な凶暴さに止まるのでもなく、文字通りグローバルメディアとしてのテレビの画面を通じて全域化し、私たちの日常的な眼差しに内挿した。つまり、上空からのビデオゲーム的な監視の圧倒的なパワーを見せつけ、世界中のテレビ視聴者をその全能さの受益者としたのである。こうして「テレビで湾岸戦争を眺める者たちは、間接的に赤外線カメラのような夜間透視技術を身につけ、「敵の」戦車や戦闘機、建物や国家の首領たちをザッピングしていくことができる無限にパワフルな存在だと感じるように仕向けられていった。そして戦場では、爆弾を発射するのとまったく同じパイロットの手がカメラのシャッターも作動させていたのだから、それを遠隔で経験するテレビ観客は爆撃機からの情景を眺めさせられていくなかで、監視装置に組み込まれ、砲口からの視界に縫い合わされたのである」(Stam 1992: 104)。

たしかにテレビの番組編成全体のなかで戦場からの、つまり人工衛星や爆撃機、様々な仕方で上空から撮影された中継映像が占める割合はごく一部にすぎない。しかし、そうした映像が提供する「瞬時の遍在性(instantaneous ubiquity)」は、全世界の意識が戦争に向けられるなかでテレビ視聴全体を支配していくとスタムは論じる。なぜならばメディアとしてのテレビの最大の特徴はその徹底した現在性にあり(お前はただの現在にすぎない!)、今、まさに行われている空爆についての上空からのライブ映像は、そうしたテレビの特性を十全に生かし、全世界の視聴者の眼差しを、そのまさに空爆している者の眼差しの座へと瞬時に連れ去ってしまうからだ。しかも、実はそうして眼差しが連れ去られた視聴者たちの身体は、決して戦場にいるわけではない。それらは居心地のいいリビングルームでテレビ画面の前に座り、空爆で壊滅していくイラクの街々を談笑しながら眺めている。スタムが論じたように、全世界の視聴者たちは、一方では中東を空から破壊していく爆撃手に乗り移りながらも、他方では安全で、決して自らの手を汚すことのない位置に身を置き続けたのである。ここにはすでに、後年のドローン・パイロットたちの身体の分裂、ドローンの眼差しと地上の操縦席への分裂が予告的に示されている。

軍事における革命？——植民地主義は終わらない

周知のように、湾岸戦争に際してジャン・ボードリヤールは、人騒がせな誇張的レトリックをふんだんに駆使しながら、「湾岸戦争は起こらなかった」ことを強調した。彼が繰り返し述べたのは、要するに「湾岸戦争」は現代資本主義世界において消費されるシミュラークルとして機能したということだ。なぜならば、この世界で「われわれがリアル・タイムで体験していることは、出来事ではなくて、出来事が、等身大の規模で（つまり、潜在的な、イメージの規模で）無力化し、亡霊となって呼び出されるというスペクタクルである。〔略〕このスペクタクルが演じられる場所であるテレビのキャスターたちのコメントや解説やおしゃべりな演出は、非現実的な戦争にふさわしい、ありそうにないイメージを強調する」（Baudrillard 1991 = 1991: 68）。

つまり、「われわれの社会では、潜在的なものが現実的なものにたいして、決定的な勝利をおさめてしまった」ために、潜在的なもの、つまりイメージが現実のあらゆる出来事を支配するようになり、戦争もまた「潜在的なものによって現実的なものが抑制されるというハイパーリアルな論理」に組み込まれている(Baudrillard 1991 = 1991: 23)。その結果、湾岸戦争について言うならば、戦争は「イラク軍のコンクリートや砂の塹壕のなか、アメリカ軍がエレクトロニクスで制御する空の上、あるいはテレビのおしゃべりな画面のうしろに」すっかり呑み込まれてしまった。ボードリヤール的に言えば、人々がテレビ画面で目にしていた「湾岸戦争」は戦争の「亡霊」であり、この亡霊が生まれた場所にあった情報は、すでに「砂漠のなかで封鎖」されている。それにもかかわらず、「テレビはメッセージを失ったメディアとして機能しつづけ、最後には純粋なイメージだけを提供することになる」(Baudrillard 1991 = 1991: 97)。

しかしながら、スタムも批判したように、ボードリヤールのこの誇張は、二〇世紀末の戦争の一面を言い当てたにすぎない(Stam 1992: 112)。たしかに、湾岸戦争は彼がいうところのシミュラークルだった。しかし、戦争は欧米や日本の豊かな家庭でシミュラークルとして消費されながらも、その標的とされたイラクの街々では、甚大な破壊が繰り返され、恐怖と悲惨さのなかで人々が死んでいたのである。つまり、湾岸戦争が開示したのは、空爆する側とされる側の間の目も眩む非対称性だった。この非対称性は、テレビ画面の前で空爆シーンに見入る豊かな国々の「居間」と目の前で次々に人が死んでいく「戦地」の間にあったというだけでなく、空爆をする爆撃機のパイロットと空爆される地上の人々の間にもあった。一方のパイロットたちにとって、戦争はビデオゲーム的経験であり、自らが傷つく可能性は極小化されている。他方、現地の人々の間では、突然の死や手足の切断、重い病人が溢れていたのである。高度なメディア技術が先進諸国の人々の視界を拡張し、戦場の眺めを瞬時に彼らの目の前まで運ぶ一方で、実際の現地で目の当たりにされている情景は視界の外に追いやられていた。現代の戦争では、見ることや聞くこと、そして経験されることが徹底的に不均衡な状態に置かれる。この非対称性から目を背ける限りにおいて、ポストモダニズムは現代の戦争の本質を見逃す。

湾岸戦争から約一〇年後、ブッシュ政権によって引き起こされたイラク戦争を前に、スタムと同様の問いを西谷修らは「メディアウォール」という言葉で表現した。西谷らが強調したのも、現代の戦争におけるメディアの圧倒的な非対称性である。メディアが何かを語ることができるのは、本来はそれが相互的な媒介過程であるからである。ところが軍事的な可視化技術と一体化したメディアで世界が覆われるなかで、中東の戦地は一方的にアメリカの眼差しにより隅々まで眺めまわされる。これは、メディアが他者の世界への媒介路というよりも、「〝向こう側〟を見えなくする遮蔽幕として、あるいは〝こちら側〟と〝向こう側〟とを分断する「壁」として機能」していることを示す。テレビカメラが上空からアフガニスタンやイラクの現在をテレビ画面に映し出せば出すほど、それらの地の人々の実像は遠のいてしまう(西谷・中山編 2005: 12)。前述のスタムの「ポルノグラフィック」という言い回しは、湾岸戦争以降のメディアの眼差しが、まさにそうした意味で相手との間に「壁」を立て、その「壁」に穿った小さな穴から一方的に相手を覗き見するような方向に向かうことを予言していた。

本章で述べてきたように、ベトナム戦争での失敗を通じてアメリカの空爆は、そのパラダイムを大きく転換させていくことになるのだが、この変化は一般に「軍事における革命（RMA Revolution in Military Affairs）」と呼ばれている過程の一部である。一九七〇年代に始まるこの過程は、「西洋世界における戦争を、他の手段を用いた政治の継続という位置に立ち戻らせる」ことだったと、コソボ紛争を論じたマイケル・イグナティエフは要約する（Ignatieff 2000＝2003: 194）。なぜならば、両世界大戦や米ソ冷戦のなかで一触即発だった核戦争は、交戦する双方にとって破滅的である。使用することが世界の終わりをもたらす核開発競争が手詰まりになるなかで、超大国は通常兵器の技術的高度化に向かった。そして、新兵器を「政治的にも道義的にも受け入れ可能にするためには、その照準設定の精度を向上させることが不可欠」だった。つまり、その兵器の攻撃性能を維持し、「精密さを損なわない範囲で彼ら（＝兵士）を戦線からできるだけ遠ざけること」が必要とされた。こうしてすでに述べた「痛みを伴わない」で相手を殲滅する様々な技術が開発されていったのだ（Ignatieff 2000＝2003: 195）。

一九四五年の時点では、日本列島が原爆やナパーム弾の恰好の実験場とされたのと同じように、一九九〇年代にはイラクやセルビアのような「ならず者国家」が新しい精密兵器の実験場となった。この「実験」が最初に大規模に実施され、「大成功」を収めたのが湾岸戦争だったわけで、「イラクにたいする空爆で使用された精密兵器の数は、投入された配備全体の八％ほどでしかなかったが、これらの兵器――とりわけ巡航ミサイル――は、リスクを負わない殺傷力が恐ろしい威力をもつことを証明した。バグダット（ママ）爆撃は光線ショーのようにみえた最初の戦争であり、イラク軍の対空砲火はゲーム・センターのゲームになった最初の戦闘となった」とイグナティエフは言う。そしてこのような精密兵器を動員した戦争のスペクタクル化は、人々の間での「戦争」の概念を決定的に変えていくことになる。すでに湾岸戦争において、「事前に二万五〇〇〇人もの死傷者を覚悟するようにといわれていた有権者たちは、その後で、リスクなき戦争のうっとりするような現実を知ったのである」(Ignatieff 2000 = 2003: 199–200)。

この世界の多くの国々に広がるテレビ視聴者にとっての「リスクなき戦争」は、湾岸戦争後も頻繁に繰り返されていく。その最たる例が一九九〇年代末のコソボ紛争で、地上部隊による戦闘を欠いたこの紛争は、「NATO側には戦闘による犠牲者をひとりもだすことなく、空から戦われた戦争であり空から勝利をえた戦争であった。傷を負ったり殺されたりしたセルビア人兵士とコソボの民間人にとってはコソボの戦争は恐ろしいまでに現実的(リアル)なものであったが、NATOにとっては仮想(ヴァーチャル)の紛争であった」(Ignatieff 2000 = 2003: iii)。

イグナティエフは、「ヴァーチャル化」が二一世紀の戦争の性格にもたらすだろう二つの重大な変化を指摘している。第一に、「戦闘の目的は敵との間合いを詰めることから、敵を遠い射程から破壊することに変わる」。その結果、二一世紀の戦場からは、徐々に「人影がなくなって」いくだろう。第二の変化はより重要で、戦闘の目的そのものが変化するのだ。工業化時代の戦争は、ずっと「敵を消耗させ殲滅すること、すなわち、敵の人員と装備に大きな一撃をお見舞いして敵の戦闘継続能力を低下させることに集中してきた。ポスト・モダンの戦争の目的は、敵を消耗させるかわりに戦争機械に指令を発している神経中枢――戦闘司令部、コンピュータ・ネットワーク――に一撃をくわえることである。視力をうしなった敵――コンピュータも、電話も電力もない――には、それでもなお攻撃能力をもつ部隊が残るかもしれないが、もはやそれらに戦闘を命令する能力はないのだ」(Ignatieff 2000＝2003: 200–201)。

結局、このどちらの変化でも、決定的な役割を果たすのは、コンピュータと人工衛星を中核として地球全域を覆う電子情報システムである。だからポール・ヴィリリオはコソボ紛争に際し、現代の戦争における電子情報システムの決定的な重要性を強調したのだ。当時、「バルカン上空には、約五十基のあらゆる種類の人工衛星が周回し、約二十種の様々な宇宙システムが張り巡らされている。国家偵察局(NRO)のレーダー画像衛星や、各軍の光学画像衛星。電磁的信号を検出して地上軍の動きを探知する監視衛星についてはいうまでもない。移動中の部隊に現在位置を知らせる《全地球測位システム》(GPS)衛星群ももちろんである。さらに、一万五千フィートという高高度には、セルビアの対空防衛網を避けた有人偵察機。より低高度には自動操縦の無人偵察機。この文字通り《パノプティコン的》な視覚(ヴィジョン)がなければ、バルカン紛争においても、戦場区域一帯の包囲だとか、砲撃なり戦闘爆撃機の《絨毯爆撃》なりによる敵の封じ込めだとかいった往年の戦略を繰り返さざるをえなかったはず」というわけだった(Virilio 1999＝2000: 31–32)。

ヴィリリオは、このシステムを成り立たせているのは、各国の領土上空への人工衛星の恒常的配備と収集された情報のリアルタイムでの伝達、それらのデータの瞬間的な解析能力だと看破していた。つまり、衛星とネット、それにAIが未来の宇宙戦争の主役というわけである。このようにして、ヴァネヴァー・ブッシュのプロジェクトとサイバネティクスは、およそ一世紀の技術的発展を経て、今や完成の域に達しようとしている。二一世紀の戦争が人工衛星やドローンからの監視の眼差しとコンピュータ・ネットワーク上のテロやセキュリティ、そしてＡＩが駆使される戦争となることは明白だ。戦争の主舞台は、もはや地上でも海上でもなく、宇宙空間とサイバー空間となりつつある。地表面でのあらゆる微細な動きがはるか上空から監視され続け、その動きに対する瞬間的で、最もリスクが少なく、相手に最も大きなダメージを与える方法がＡＩによって選別され、同時多発的に作動していく。このような戦争を左右するのは、もはや人間の判断力ではなく、相手の動きを瞬時に察知して効果的に反応する知能メディア技術である。

しかし、こうした戦争とメディアの関係は、決して一九九〇年代以降、湾岸戦争やコソボ紛争、イラク戦争のなかで突然出現したものではない。すでに論じてきたように、第一次大戦からの「上空からの眼差し」とそれに基づく空爆技術の発展に、それは深く胚胎されていた。この胚胎は、たしかに当初はイタリア空軍が先陣を切り、英国空軍が後に続き、日本軍でも野蛮に模倣されたのだったが、全体として見れば、やはり米軍とアメリカ国家が、この眼差しと軍事技術の複合体を発達させる最大の基盤であり続けた。より一層重要なのは、こうして高度なメディア技術に裏打ちされた空爆システムは、一貫して植民地主義的なものであったし、いまもそうであり続けていることである。湾岸戦争やアフガニスタン空爆、そしてイラク戦争が示したのは、一九世紀的な植民地主義とは異なるとしても、二一世紀的な意味でなお「帝国主義＝植民地主義」と敢えて呼ぶべき「上空からの視覚＝暴力」のシステムが作動していることだった。

連続性は上空からの空爆システム（メディアとしての軍事）だけに見いだされるのではない。日米戦争についてはジョン・ダワーが、朝鮮戦争ではブルース・カミングスが詳しく明らかにしてきたように、戦争を伝えるメディアの態勢でも、両世界大戦期から湾岸戦争やイラク戦争までの連続性が存在する。たとえばカミングスは、「戦場の恐怖が、スクリーンからは完全に隔絶されている戦争。アンカー（キャスター）が、狂信的愛国者として軍事機密を守り抜こうとし、大統領府やペンタゴンの政策を支持し、前線の軍隊の勇敢さやプロ根性、ハイテク兵器の高性能性などを称賛する戦争。敵は完全に凶暴で頭のおかしい連中とされ、戦争に疑問を差し挟むことは許されない戦争。広く共有化されたコミュニティ意識に不思議にも溶けこみ、善玉と悪玉の色分けが鮮明な戦争」という湾岸戦争に直結させて語られがちな特徴が、実はそのままベトナム戦争のメディア報道にも当てはまることを説得的に示していた（Cumings 1992＝2004: 104–105）。

というのも、カミングスによれば、ベトナム戦争の最中には、メディアは米軍の空からの攻撃がいかに行われ、果たして「戦果」を出しているのかを確かめようがなかったので、政府発表の受け売りを続けた。その結果、「『電子装置』であるとか、正確な砲撃、ペンタゴンが強調する兵士やパイロットの高度な専門性をそのまま大きくあつかい、テレビのリポートはパイロットを『いま注目のジェット・パイロットたち』として持ち上げた」。他方、朝鮮戦争でもベトナム戦争でも、「アメリカ兵の多くが、敵であろうが味方であろうがすべての現地人に敵愾心を抱いていた点について報じた者はほとんどいなかった」（Cumings 1992＝2004: 108）。つまり、米軍自体のなかに根深く浸透していたアジア人や非白人に対する人種的偏見を、多くのメディアも暗黙裡に共有していたのである。このように、根拠なきナショナリズムへの同一化という点でも、人種的偏見への鈍感さという点でも、アメリカの戦争報道にはベトナム戦争からの、それどころか対日戦や朝鮮戦争からのはっきりとした一貫性が存在する。

つまり、私たちは「アメリカの世紀」である二〇世紀を、冷戦やポスト冷戦の時代までをも含めて、もう一つの帝国主義＝植民地主義の時代として再考すべきなのだ。いうまでもなく、この帝国主義は大英帝国のような「海の帝国主義」ではなく、世界各地に分散配置された米軍基地を拠点とする「空の帝国主義」であり、それは今や宇宙とサイバースペースを基盤とし、ＧＡＦＡ企業に媒介される帝国主義に変貌している。そしてロシアや中国がしていることも、対抗的に同じように宇宙とサイバースペースに帝国的覇権を拡張していくことであり、その意味では今日、海での覇権が争われていた時代の帝国主義が、主役と舞台を変えてあたかも蘇っているかのようですらある。次章以降では、このような二〇世紀を通じた上空からの眼差しと暴力の技術的縫合を、改めて歴史的視野のなかで文化地政学的に再考していく。

第3章　メディアとしてのドローン爆撃

カミカゼ・ドローンの跳梁跋扈

二〇二〇年九月二七日朝、イラン、アルメニア、アゼルバイジャンの三カ国に挟まれ、北方にはロシアが迫るナゴルノ・カラバフ地方をめぐるアルメニアとアゼルバイジャンの戦争が勃発した。両国はこの地方の領有権をめぐり長年にわたって争っており、戦争の勃発は初めてではなかったが、今回は結果が大きく異なっていた。約六週間の戦争を通じ、アゼルバイジャンはトルコ製の滞空型無人戦闘機「バイラクタルTB‐2」や、ターゲットを見つけると突っ込んでいって自爆するイスラエル製のドローンを大量に投入してアルメニアの装甲部隊や支援部隊を攻撃した。アルメニア軍が思いもしなかった仕方でドローンの大群が上空から襲いかかり、次々に戦車や大砲を破壊し、兵士を殺戮していったのだ。その結果、アゼルバイジャンが圧勝し、これまでアルメニアが支配してきた同地方の約三分の二が奪還された。

後述するように、この戦争は、攻撃型ドローンが戦地に投入された最初の戦争ではまったくなかったが(それは第二次大戦末期、すでに約七五年も前から始まっていた)、しかしこれは、米軍ではない小国に相対的に安価で購入された攻撃型ドローンが、戦況を決定的に変えた最初の戦争だった。そして今後、同じことが各地で繰り返されることを大いに予感させていた。今日、比較的安価な攻撃型ドローンが世界中に出回っている。戦場監視システムも安価になりつつある。これらの条件から、今や小国でも、さらにはテロリストたちでも、はるか上空から地上部隊をピンポイントで空爆していくことができるようになりつつあるのである。

そして、これらの安価な攻撃型ドローンは、しばしば「カミカゼ・ドローン」と呼ばれてきた。実際、ロシアの軍需企業のZALA Aero社は、自分たちが開発した自爆型のドローンに「カミカゼ・ドローン」の名を与え、「カミカゼ」のイメージを兵器の販売戦略に巧みに使っている。このロシア製品は、三キログラムまでの爆薬が搭載可能で、時速一三〇キロで三〇分までなら飛行可能というから、決して高性能とは言えない。それでも標的を認識すると上空から突っ込んでいって自爆することがプログラムされており、安価さや自爆への動きが旧日本軍の「カミカゼ」を想像させることからこの名が付けられたようだ。そしてこのロシア製の「カミカゼ」に限らず、今日では安価で小型の自爆型ドローンは、欧米や中東で広く「カミカゼ・ドローン」と呼ばれているらしい。二〇二二年のロシアによるウクライナへの軍事侵攻に際しては、抵抗するウクライナ側がアメリカから提供された高性能の小型「カミカゼ・ドローン」を使ってロシアの戦車を攻撃したとの報道が流れた。ロシア製であれアメリカ製であれ、今や全世界でドローン兵器の「カミカゼナイゼーション」が起きているわけである。このことは、地域紛争の解決法として大国による大規模な戦力の集中的な投入が通用しなくなる時代を予感させている。

しかし、なぜ「カミカゼ」なのだろうか？　もちろん、自爆型ドローンとしての「カミカゼ」

は、かつての日本軍の「カミカゼ」を無人化したようなものだという想像力が働いているのだろう。第二次大戦末期、大日本帝国は天皇の名の下に若い兵士たちの人格を否定し、彼らを進んで自らの命をなげうつ弾丸のような存在として扱った。つまりある意味で、「カミカゼ」は、そもそも最初から「無人化」されていたのかもしれない。それにもかかわらず、その弾丸は人間としての兵士でもあったから、この軍事作戦は日本の戦争の非人間性を象徴するものとなった。他方、現代の「カミカゼ」は、敵陣に突入する知能を備えた機械である。この二つの「カミカゼ」の間にある重なりとずれを考えることは、現代の戦争における「自爆」と「無人化」の関係を考えることにもなる。そして実際、これから明らかにするように、そもそも攻撃型ドローンの誕生と日本の「カミカゼ」の誕生の間には、思いもしない表裏の関係があったのである。

ドローンの歴史を振り返る

今日、ドローン技術は全世界的に大量普及段階にあるが、実は無人飛行機は有人飛行機以上に古い歴史を持つ。実際、一九〇三年にライト兄弟が有人飛行に成功する以前、すでに一八九六年にスミソニアン協会のラングレー教授が無人の動力付飛行機械を二キロメートル以上飛行させていた。しかし、無人の飛行機には、誰がどうやってそれを操縦するのかという重大な問題があった。翼はあっても、目と手がなかったのだ。これでは実際の役には立たないので、飛行機開発は有人飛行機を中心に進んだ。ところが、両大戦間期を通じた無線通信技術の発達により、無人飛行機でも地上から操縦をできる可能性が広がっていく。第一次大戦後、有人機が射撃訓練の標的とするために無人機が開発されていったのが、その第一歩であった。

それでも、無人機が目的地に到達するには、機体の位置と目的地の関係を機械が認識していく仕組みが必要となる。冷戦期に、これを確実なものとしていったのは、宇宙ロケット誘導のために開発された慣性航法装置(INS Inertial Navigation System)だった。このロケットの遠隔制御技術は、そのまま大陸間弾道弾ミサイルに応用されていき、やがて無人機の制御システムとしても機能するようになる。つまり、まず宇宙へのロケット誘導の装置が開発され、それが上空のミサイルや無人機にも応用されていったのだ。やがて、GPS(全地球測位システム Global Positioning System)が発達していくと、無人機誘導は主にGPSによって担われるようになる。こうして今日、ドローンは軍事から空中撮影や測量、気象観測、農林業や畜産、野生動物保護、海洋研究、治安維持、交通監視、災害救助、人道支援、商業輸送、建設現場支援などきわめて幅広い領域で使われているが、それでもその主要な部分が軍事用であることは変化していない。

高木健治郎によれば、アメリカでドローン開発が急速に進んだ要因にベトナム戦争があったという。ベトナム戦争は、米兵の死者数が膨れ上がっていったことがアメリカ国内で大きな問題となり、世論を反戦へと向かわせた。アメリカが今後も全世界で介入的な戦争を続けるためには、「アメリカ国民を戦争で死なせない」ことが不可欠の条件となったのである。そのため米軍は、強大な技術力を動員して戦争の無人化を目指す(高木 2017: 18)。一九七〇年代、アメリカの軍事的未来は核戦争からむしろ無人戦争へと大きくシフトした。核戦争は相変わらず人類最悪の脅威であり続けるが、しかし実際には、最先端の軍事技術は核による最終戦争以上に、自国民を安全地帯に置きながら、無人兵器を局地戦で多用することへと向かったのだ。ドローンによる情報収集や偵察、監視などの技術開発が進み、たとえば偵察でも、有人偵察機による超高度からのものよりも、地上近くを飛んで情報収集や偵察をする無人機の需要が高まっていった。

そして冷戦終結以降、GPSの導入や遠隔操作機能の高度化で高性能化した軍事ドローンは、ミサイルを搭載して攻撃機能を備えていく。ドローンは今日、中高度の上空に長時間滞在して標的を攻撃する役割を与えられ、テロリストとしてリストアップされた人物や集団、目標を、一万キロ以上離れたアメリカ本土の操縦士が、その身を危険にさらすことなどまるでなく、冷暖房完備の部屋から攻撃し、殺害する完全に一方的な爆撃システムとして存在している。アメリカ人は、ドローン攻撃では決して死ぬことも負傷することもない。

アメリカと並び、二〇世紀末以降のドローン開発を主導したのはイスラエルである。この場合も、アラブ諸国よりも人口が圧倒的に少なかった（人命が軍事的に高価だった）イスラエルが、人口的なハンディを技術でカバーしようとした結果だった。結果的に、同国の軍需産業はドローン開発で世界の最先端を行くことになり、レバノン侵攻やパレスチナ監視、イラクやシリアでの情報収集が無人の軍事技術によって進められていった。とりわけ彼らは、「ドローンはリアルタイムの情報収集に使える」ことを重視していた。つまり、ドローン技術においては「偵察」と「攻撃」が一体をなす。そうしたイスラエルで発達した技術が一九九〇年代、アメリカにも持ちこまれるが、すぐに受け入れられたわけではなかった。

こうした躊躇を、二〇〇一年九月一一日の出来事は一挙に取り払う。9・11以降、ドローン兵器への諸々の躊躇を払拭した米国政府は、空対地ミサイル・ヘルファイアを装備したドローンをアフガニスタンに配備した。同時にブッシュ政権は、世界各地のアルカイダ系テロリストを殺害する権限をＣＩＡに与える法的ガイドラインをまとめ、同年一一月には、イエメンにいたアルカイダ幹部とみなされたグループをドローン攻撃で殺害している。さらに〇四年以降、米軍はパキスタンでもドローン攻撃を活発化させ、同年六月から〇九年一月までにパキスタンの山岳地帯をターゲットに四四回のドローン爆撃が行われている。さらにその後、ソマリアやイエメンなど、直接的な軍事介入が困難な「危険地帯」でのドローン爆撃が活発化し、ドローンはアメリカの「テロとの戦争」の主役に躍り出ていった。

注目すべきことに、このドローン爆撃に熱中したのは、ブッシュ政権以上にオバマ政権だった。オバマは大統領就任からわずか二年間で、ブッシュ時代に行われた四倍の回数のドローン爆撃を許可している。パキスタン山岳地帯では、「ブッシュ政権期には四〇日に一度の割合でドローン攻撃が実施されたのに対して、オバマ政権期には四日に一度の比率でドローン攻撃が実施された」という。ピーター・ベルゲンとキャサリン・タイデマンによれば、パキスタンとアフガニスタンの山岳地域で二〇〇四年から一一年四月までに米軍は二三三回のドローン攻撃をしており、少なくとも一四〇〇人以上、多く見積もれば二三〇〇人近い人々を殺害している(Bergen & Tiedemann 2011 = 2011: 95)。その中には武装グループの指導者も含まれるから作戦は目的を達成したとも言えるが、巻き添えになって殺された民間人は米政府が公式に認めた数よりもはるかに多いとされる。パキスタンの場合、ドローン攻撃で武装勢力の指導者を殺害できるのは七回に一回程度で、それ以外では兵卒レベルの戦士や民間人が犠牲となってきた。パキスタン当局は、二〇〇九年だけで七〇〇人の一般民間人が米軍のドローン爆撃の犠牲になったとしている。

そのため、パキスタンの部族による事実上の自治地域で暮らす人々の七五%が「アメリカの軍事ターゲットに対する自爆テロは正当化される」と考えているようだ。アメリカは、上空からもたらされる死に対し、自分の命を犠牲にしてでも報復をしなければならないと考える者を増殖させ続けている。ドローン爆撃の激化と並行して、爆撃を受けた地域や、海を越えてアメリカ本土での自爆テロはエスカレートしてきた。欧米の軍事専門家にも、「民衆レベルでの反米主義を高めるドローン攻撃は逆効果でしかなく、武装勢力がテロ志願者をリクルートするのを簡単にするだけだ」という批判がある(Bergen & Tiedemann 2011 = 2011: 98)。それでもアメリカは、ブッシュ政権やトランプ政権のみならず、オバマ政権やバイデン政権においても、自国民を危険に晒す必要がないという身勝手な理由から、好んで敵地でのドローン爆撃を続けている。

ドローン開発のこうした歴史は、先進諸国における「人命尊重」の意識の高まりが、必ずしも「反戦」や「平和」を志向する意識に結びついてきたわけではなく、むしろ「無人の戦争」を全世界に拡散させる方向に軍需産業を向かわせていったことを示している。一九世紀以来、戦争とそれを推進する軍需産業は、資本主義を高度化させる重要なモメントとなってきた。そしてこの戦争=軍需志向のグローバル資本主義は、先進諸国の「人命」を最大限尊重しつつ、テロリストが徘徊する中東やアフガニスタン、パキスタン、それにアフリカの危険分子を空から確実に殺戮する技術を高度化していったのである。これは、9・11で本格化したアメリカの「テロとの戦争」の重要な技術的側面であった。そしてそれは、社会全体が大量の訓練された労働力を動員する産業体制から、数々の可視化技術の高度化を通じ、多くの作業がＡＩによって自動化＝無人化され、比較的少数の知能労働者がシステム全体を制御することで、かつての事務職や熟練労働者の大量の雇用が失われる二一世紀型資本主義への移行と対応していた。

アメリカの「カミカゼ」

以上のドローンの歴史には、ミッシング・リンクがある。無人機の無線操作は、すでに第一次大戦後に道が開けつつあった。他方、自動的なプログラムによる運航が可能になるのはベトナム戦争後である。ではその間、つまり第二次世界大戦期に、ドローンには何が起きていたのか？この点についてキャサリン・チャンドラーは、攻撃型のドローンは、日米戦争のなかでアメリカの「カミカゼ」として誕生したと論じている(Chandler 2017: 89–111)。第二次世界大戦中、米軍内でドローン技術が開発されていく過程で、敵国日本の「カミカゼ」(サムライ的玉砕主義)は、「西洋人には理解不能な」狂信的な自殺行為であると同時に、生命を危険に晒すことのない無人機に同じことをやらせてみようと考えさせる契機となった。人間が搭乗しない「カミカゼ」ならば、西洋的倫理と矛盾することなくカミカゼ的衝撃を相手に与えることができるはずだった。

すでに一九三六年から、米海軍は無人機を遠隔操縦で飛ばす実験を始めていた。この作戦のコードネームが「ドローン(Drone)」であったから、これは「ドローン」がこの世に登場した最初の姿であったとも言える。とはいえ、この初期の無人機は、地上か軍艦の甲板上にいる対空砲の砲手たちが敵機を撃ち落とす訓練をするためのものだった。機内に装備されたジャイロスコープが機体の安定を保ち、パイロットは離れた場所から無線で無人機が飛ぶ方向や速度を操作していた。無人機はすでに遠隔操作で離陸も着陸もできるようになっていたが、しかしその飛行範囲は、地上のオペレーターの視界内に限られていた。当然だが、機体が見えなくなってしまうと、離れた地点からでは操縦もできなくなった。だから、これは訓練用には使えても、実戦で無人機を用いることは不可能と思われていたのである。

この限界を突破する鍵として注目されたのがテレビ技術である。翌三七年から、米海軍では機内にテレビカメラを搭載し、視界を超えた遠隔からでも無人機の操作を可能にする方法が模索され始める。そうした技術的な展開を最初に追求したのは、テレビ放送の実質的な発明者でもあったロシア出身のウラジーミル・ツヴォルキンだった。ＲＣＡ(Radio Corporation of America)社長のデヴィッド・サーノフの下で彼が進めたテレビ放送の開発は、一九三〇年代後半にはもう目処が立っており、彼はテレビ技術の軍事展開に関心を向けていく。ツヴォルキンは、無人機にテレビカメラを搭載し、その映像を電送すれば、遠隔からの無人機操作が可能になると考えた。つまり、撮影された動画の瞬時の電送は、無人機の軍事的な意味を決定的に変えるはずだった。

テレビは娯楽番組や最新のニュース映像を放送するためだけにあるのではない。同じ技術を軍事転用することで、攻撃用無人機の可能性が劇的に拡大するのだ。こうしてツヴォルキンは、米海軍に対し、このテレビ技術との結合により、ドローンを単に対空砲訓練のための空飛ぶ標的から、遠く離れた敵地での攻撃装置にしていく開発計画を提案したのだった。

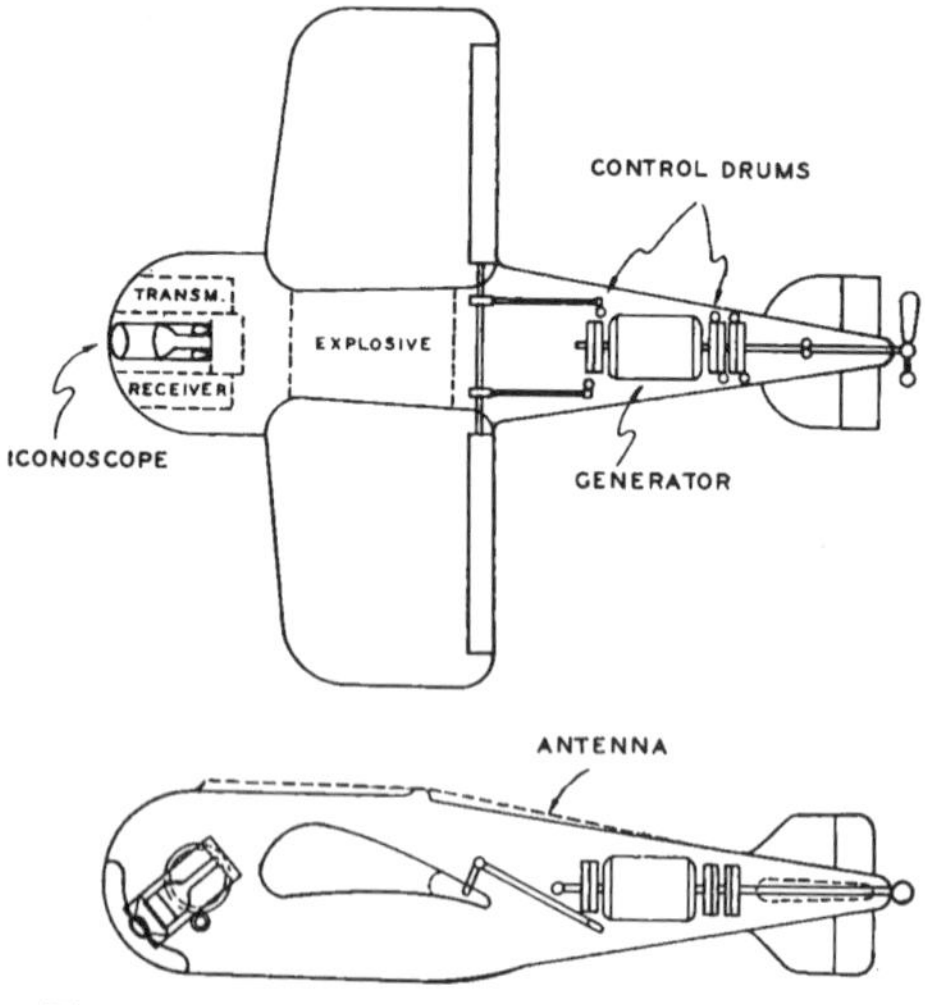

図3-1　パイロットの視覚を代替するテレビカメラを搭載する空飛ぶ魚雷（Flying Torpedo）（Zworykin 1946: 296）

ツヴォルキンはすでに一九三四年、このようなテレビ技術の軍事的応用可能性に注目していたとチャンドラーは指摘する。この年、彼は『電子的な眼を持った空飛ぶ魚雷』という提案書をRCA社内でまとめている（図3-1）。この提案では、ツヴォルキンの実験室で開発が進んでいたブラウン管式のテレビ映像の送受信のシステムを、無人機の遠隔操作に応用することが目指されていた。すなわち、「空飛ぶ魚雷」にはテレビカメラが装備され、撮影された映像は地上のオペレーターに送信され、そこからの操作を可能にするのである。オペレーターからするならば、テレビ画像を通じて自分があたかも戦場にいるかのような視覚を獲得していくことになる。明らかに、ここでのテレビジョンは、戦場と操作者を結ぶ軍事用のヴァーチャルリアリティ装置である。

さらにツヴォルキンは、こうして機上のパイロットの視覚をテレビカメラが仮想的に代替することが、戦闘機の攻撃能力を、人間的限界を超えて向上させることにもなると考えていた。ツヴォルキンがそれまでの無人機の実験と一線を画していたのは、彼がこの問題の核心は、地上からの操作能力や無人機の攻撃能力にあるよりも、むしろ空飛ぶ機体そのものが視覚を獲得すること、敵を視るテレビ的な主体になることにあると理解していた点だった。

そして驚くべきことに、ツヴォルキンはこの提案書で次のように語っていたのである。

> これまで航空機を無線で操作する、ないしは自動的なプログラムによって操縦できるようにするための数々の技術開発の試みがなされてきたが、その先で想定されていたのは、そうした技術を空飛ぶ魚雷に応用することだった。過去数十年間、様々な国がそうした航空機の可能性を繰り返し実証しようとしてきたが、このどちらの方法も、原理的な困難に躓いてきた。すなわち、それらが有効な結果を生むのは、標的にそう遠くないところから熟練した兵士が操作するときに限られるのだ。そのため、その兵士が対空砲の標的となる危険がつきまとう。無線操縦であろうと自動操作であろうと、その航空機が指令を出す基地の視界の外に出てしまうや有効な動きができなくなる。この問題を明らかに解決する方法が、日本人によって発見されている。新聞報道によれば、彼らは航空魚雷や洋上魚雷を操作する自殺部隊(Suicide Corps)を組織したという。もちろん、この方法の有効性は、まだこれから検証されなければならないだろうが、もしそのような兵士の心理的訓練が可能ならば、この兵器は最も危険な性質のものとなるだろう。わが国で、このような方法が導入可能だとは決して思わないので、したがって我々は、我々の技術的優越性によってこの問題に対処していかなければならない。
> (Zworykin 1946: 293–294)

いうまでもなく、日本軍の戦闘機が米軍に対して自爆型の「特攻」を組織的に遂行していくのは、日本が連合軍の圧倒的な力を前になす術を失い、さりとて「降伏」の決断もできずにずるずると大量死と悲惨が広がっていく一九四四年秋以降である。それどころか一九三四年には、日米開戦はおろか第二次世界大戦すら始まっていない。その時点で、なぜツヴォルキンは、まるで日本軍の「カミカゼ」を予見するかのような記述をしたのであろうか。チャンドラーも同じ疑問を抱き、いくつかの推察をしている(Chandler 2017: 93)。

まず考えられるのは、アメリカ側は、実際に日本軍が大規模な自爆攻撃を仕掛ける以前から、日本軍にはそのような傾向があると見なしていたことである。同時にツヴォルキンは、テレビカメラ誘導型のドローンの優位性を強調するために、当時、アメリカとの緊張がすでに高まっていた日本との差を意図的に強調したのかもしれない。実際、彼は前述の引用に続き、米軍が「電子的な眼を持った無線操縦の航空魚雷」を導入すれば、その技術的優位性によって、自爆するパイロットと同様の打撃を敵に与えることができると主張していた。魚雷発射後、母機のパイロットは対空砲に撃ち落とされない十分な高度を保ったまま、魚雷に装着された「電子的な眼」を通して標的に狙いを定めていくことができるのである。

「カミカゼ」は、いつ始まったのか?

だが、チャンドラーが触れていないもう一つの可能性は、ツヴォルキン自身が「新聞報道によれば」と書いているのだから、実際にそのような新聞報道が一九三四年までのどこかの時点で英字紙にあり、ツヴォルキンはその記事を読んで衝撃を受けた可能性である。こうした観点から英字紙を調べると、一九三二年一二月二九日の『ロサンゼルス・タイムズ』紙に、次のような一文を発見することができる。（この記事の存在は、シンガポール国立大学の益田肇氏にご示唆いただいた。）

〔日本〕帝国海軍は新型魚雷を開発した。生身の人間が死に向かって操縦するものだ。操縦士は、駆逐艦から発射される魚雷のチューブに入り、標的に向けて突進する。弾頭が狙っていた敵艦の横っ腹に命中するや、もちろん操縦士は木っ端みじんに砕け散るのだ。こんな兵器を開発する国は他にないだろうし、操縦士を志願する者もいないだろう。

この報道内容は、一九三三年から三四年にかけてかなり話題になったらしく、約一年後の一九三四年一月一七日の『ロサンゼルス・タイムズ』には、「操縦士が中に入って自爆する日本の新型魚雷をめぐるすべての喧々囂々の大騒ぎは、このコラムが一年半前に指摘したことに始まる。それは、同じことをイギリスの新聞が「スクープ」と書き立てて報道するよりも一年も前のことだ」という記述が出てきている。一年半前だと、一九三二年夏頃だから、その頃に同紙にすでに同様の記事があったかどうかは未確認である。しかし、少なくとも一九三二年終わりには、英語圏で日本軍の特攻魚雷のことが報道されており、そのような兵器を開発してしまう日本という国が異様な存在と受け止められていたのは間違いない。ツヴォルキンは、確実にこれらの「新型魚雷」報道のどれかを読んでいたはずである。

では、このような英字紙の報道を生んだ日本側の動きは何だったのか？　英字紙による報道の元は、日本海軍にあって「水雷学」の専門家と見なされていた横尾敬義による「魚雷肉攻」案であっただろう。一九三〇年の第一次ロンドン海軍軍縮会議に際し、日本海軍内で条約に賛成する「条約派」と反対する「艦隊派」の対立が激化し、さらに翌三一年の満州事変を機に、日本をめぐる国際的緊張は一挙に高まった。危機の中で、すでに退役軍人となっていた横尾は、「魚雷を人間が操縦して必中を期する」作戦を提案したのである。この横尾の提案は海軍で注目され、特攻目的の特殊潜航艇の開発につながったとされる。後に真珠湾攻撃の際に実際に使用された特攻型の特殊潜航艇「甲標的」の開発は、横尾の「魚雷肉攻」案を端緒とするとされており、英字紙の報道は事実無根とは言えない。とはいえ、そうした特攻型魚雷が一九三〇年代初頭の海軍ですでに開発されていたという証拠はない。

それでも、この「特攻魚雷」開発の動きが、同じ海軍内で「特攻戦闘機」開発の動きを生じさせていったのではないかと推察される。一九三四年、第二次ロンドン軍縮会議の予備交渉に参加していた山本五十六少将(当時)は、新聞記者に対し、「僕が海軍にいる間は、飛行機の体当たり戦術を断行する」「艦長が艦と運命を共にするなら、飛行機も同じだ」と語ったとされる。この予備交渉で厳しい条件を突き付けられた日本側は、同年一二月、この条件を不満としてワシントン海軍軍縮条約の条約破棄を通告している。つまり当時、山本はかなり追い詰められた立場にあり、欧米列強がそこまで日本を追い詰めるなら、日本側は「体当たり」戦術を取ることも辞さないと啖呵を切った可能性がなくもない。だが、この「啖呵」はやがて現実化する。

つまり、魚雷においても戦闘機においても、「特攻」という発想は、一九三〇年代初頭にすでに日本海軍の内部で浮上していた。実際、山本は軍内の米内光政との会食においても、「飛行機の體當り戰術」に言及し、「君は僕を亂暴な男と思ふだらう。然し考へて見給へ、艦長は艦と運命を共にする、飛行機の操縦士が機と運命を共にするのは當然ぢやないか、飛行機は軍艦に比べて小さいが、操縦士と艦長とは全く同じだ、僕は今度日本に歸つたら、もう一度是非航空をやる。さうして僕が海軍にゐる以上は、飛行機の體當り戰術は誰が何と云つても止めないよ、君見てゐ給へ」と語っていた（米内 1943: 59–60）。これは、かつて山本と実際に同席していた米内自身の、戦争末期の回顧だから、かなり信憑性があると見ていいだろう。

つまり、やがて神風特攻隊により日本人の「狂信性」を証明するものとされていく「體當り戰術」は、実際の戦争よりも一〇年以上前から日本海軍内にあった着想であり、またその軍事的意味を、同時代のアメリカもよく理解していたのである。そして、山本らはこの作戦に何らかの特別の「精神的価値」を置いていたのではなく、純粋に軍事作戦的に考えていたわけだから、もしも技術が高度化し、同じ作戦をテレビカメラと無線操縦でできるなら、躊躇なくそちらを選んだはずだ。だが、そのような技術力は、当時の日本にはなかった。その結果、テレビカメラと無線操縦で実現できない分、生身の人間の視力にそれを代替させることになる。少なくともこの時点では、日本の「カミカゼ」とアメリカの「ドローン」の差は、精神風土の差というより、作戦に動員できる技術と資源の差に由来していた。

テレビジョンとしての攻撃型ドローン

ツヴォルキンによる無人機へのテレビカメラ搭載という一九三四年の提案は先駆的なものだったが、この時点での米海軍の反応はつれないものだった。米海軍の検討委員会は彼の提案に対し、三七年、そうした技術開発に研究の価値があることは認めつつも、大きな開発予算をそこに投ずる緊急性があるとは認めなかった。当時、国際情勢は緊迫化していたが、米軍内で対日戦のリアリティが共有されていたわけではなかったようだ。それにもかかわらず、ツヴォルキンによる提案は、ドローンがやがて進化していく方向の要点を見通していた。つまり、攻撃型無人機の最大のポイントは、機上からの視覚をどれだけ高精細に実現し、しかもその情報を瞬時に電送できるかであって、そうした回路さえ確立されれば、パイロットは遠く離れた場所から自分の身を危険に晒さずに敵陣に突っ込んでいくことができる。そして、この視覚の遠隔メディア化において、テレビジョン技術は決定的な役割を果たすはずだった。

やがて日本軍の真珠湾攻撃を経て、攻撃型ドローンは、米軍のなかで日本の特攻隊に対応する仕方で進化し始めたとチャンドラーは指摘する。無人機にテレビ的な眼が備わるならば、パイロットはそれを遠隔から操作することでその〈眼〉の主体となれた。そうすることで、「カミカゼ」がパイロットの生身の身体を敵陣に突入する機体と一体化させることで生じさせる深刻な倫理上の問題を回避できるはずだった。重要なことは、このようにドローンとテレビが米軍の軍事的想像力のなかで結びついていく上で、「狂信的な自殺」を躊躇なくするかに見えた日本兵のイメージが、重要な触媒になっていたらしいことである。米兵たちからすれば、自分たちはそんなことはしない。しかし、テレビ的な眼を備えた無人機ならばそれができるのである。

その後、紆余曲折はあったが、テレビジョンとしての攻撃型ドローンが、日本兵による自殺的な体当たりに優越するという考え方は、米海軍内にも徐々に浸透していった。ツヴォルキンの提案から二年後、一九三六年にデルマー・S・ファーニー中将は、米海軍は将来、遠隔操縦可能な無人機を実戦運用していくべきと提案していた。様々な技術的限界から、攻撃用無人機の優先順位はまだ低かったが、それでも第二次大戦が始まると、RCAは米海軍から無人機を遠隔操作するためのテレビ送受信機を受注するようになる。さらに一九四〇年三月には、米軍はドローンを、攻撃用無人機として発展させる実験を始めている。この実験のために小型機TG-2が改造され、一九四一年七月の実験では、同機は無人で、肉眼ではもう見えなくなってしまった彼方を四〇分にわたって移動して元の基地に戻ってくることに成功した。海軍は同年秋までに、大規模に無人機の実験を展開する準備を整えていた。

日本軍による真珠湾攻撃が生じたのは、まさにそうした開発の最中のことだった。だがそれは、単純にこの技術開発をさらに進めさせる方向には作用しなかったようだ。米軍内では、太平洋艦隊の損傷したところを補修し、既存技術で海軍全体を立て直していかなければならないという声も大きくなり、日本に対抗するために米軍はさらなる技術開発を進めなければならないという声とぶつかり合っていく。チャンドラーは、真珠湾攻撃の直後、米海軍のオスカー・スミス大佐が上層部に、米軍は自殺攻撃ではない仕方で敵艦隊側に入り込んで魚雷を発射できなければならず、それは無線の無人機によってこそ実現すると上申していた例を挙げている(Chandler 2017: 97)。スミスはその後もテレビカメラ搭載型の無人攻撃機を実装する必要性を主張していくが、その際に彼は繰り返し、日本軍兵士が権威に絶対服従し、自殺を躊躇しない連中であること、米軍はこれに技術的優位性で対抗するのだという人種=技術的偏見を表明していたという。

前述のように、太平洋戦争初期のこの段階では、まだ神風特攻隊は存在しない。それにもかかわらず、日本人の降伏を潔しとしない心的傾向は知られていたし、真珠湾攻撃でも特攻型魚雷の「甲標的」や米艦船甲板にパイロットごと激突して大破した日本軍機が衝撃を与えていたから、米軍側には、日本軍兵士は自爆攻撃も厭わないとの認識がますます浸透していた。日本人がサムライ的忠誠のために自らの命を平然と捨てるのに対し、アメリカ人はテクノロジーを高度化し、ついにはこれに人間以上の能力を持たせていく。この人種主義とないまぜになったステレオタイプ的対比は、技術者たちが米軍内でドローンの開発を進めていく上で好都合だった。こうして一九四二年の時点で、米海軍航空局はドローン開発に大きく乗り出そうという動きを見せていた。他方、米軍内にはこれに反対する勢力が存在した。その主力は戦闘機のベテランパイロットたちで、彼らは自分たちが実戦で経験してきた上空での瞬時の判断が、テレビカメラや無線操作に代替されることに強い反感を持っていた。

やがて、米軍内での権力争いの結果、パイロット経験者たちが航空局の主導権を握っていくと、スミスを中心とするドローン開発計画は徐々に周縁化され、主だった者は左遷されていくことになる。このパイロットたちのドローンへの反感には、攻撃型ドローンが普及していけば、彼らの専門技能の米軍内での地位が危うくなるという現実的な怖れ以上に、彼らが共有していた男性主義的価値観とドローンによる「卑怯な」攻撃方法が根本的に背反したからだと、後述するグレゴワール・シャマユーは指摘している。すなわち、ドローンの当時の一般的な言い方である「無人航空機（unmanned aerial vehicle）」は、「脱‐人化した」というだけでなく、「非男性化した」、さらには「虚勢された」を含意することがあった。だから、パイロットたちからすれば、無人機の台頭は、彼らの専門的職能を脅かすのみならず、彼らが敵機と生命を懸けて戦う際に心の支えとした男性主義的なエートスを深く脅かしたのである（Chamayou 2013＝2018: 120）。

その一方で、一九四〇年代初頭、アメリカの航空技術者は、未来の航空戦が無人機によるものになるという見通しをはっきり持っていた。ロシア出身で革命後、アメリカに亡命した航空技術者のアレクサンダー・P・デ・セヴァルスキーは、経営者としては不遇だったが、日本軍の真珠湾攻撃の後、ベストセラー作家となった。真珠湾から六カ月後に彼が自分の戦略爆撃についての主張をまとめて出版した『空軍による勝利』は、対日戦で盛り上がるムードのなかで五〇〇万部という空前の売れ行きとなったのである。ウォルト・ディズニーは、同書に基づくアニメーションのプロパガンダ映画を製作し、大儲けした。（このディズニー映画の公開は一九四三年で、音楽はアカデミー賞にもノミネートされた。他方、日本では同じ頃、真珠湾攻撃をテーマにした長編アニメ『桃太郎の海鷲』（藝術映画社、一九四三年公開）が製作されていた。）

この一九四二年の著書でセヴァルスキーは、未来の空爆が無人機によってなされるようになることを見通していた。彼の考えでは、アメリカは将来、世界各地の軍事基地の間をパイロットたちが爆撃機に乗って移動していくネットワークを必要としなくなる。なぜならば、未来の空戦は、母国の基地から遠隔操作で行われるようになるからだ。

対日戦争への攻撃型ドローン投入

だから、ドローン計画の後退は一方的に起きたわけではない。開発推進派は一九四三年、新たなドローン試作機ＴＤＲ-1を製造している。これは、インターステート・エアクラフト・アンド・エンジニアリング社により開発された最初期の攻撃型ドローンである。爆弾や魚雷を搭載する能力を有し、二〇〇機程度が生産されたという。このドローンの機体にはテレビカメラが装着され、機体の操縦や爆撃はテレビ画面を注視するオペレーターによって行われた。このＴＤＲ-1の機体はごく単純な設計だったようで、鋼管製のフレームは自転車製造業のシュウィン社が生産し、これに木製合板の外皮を被せていた。有人爆撃機に比べればひどくお粗末な造りで、このような造りの機体が実戦に耐えられるはずはなかった。

それでも米海軍は、これらの約二〇〇機の攻撃型ドローンを、日本との戦争に初めて実戦投入したのである。この実戦投入は一九四四年秋のことで、すでに日米の勝敗は決していた。つまり、この時点ではもう日本は、米軍の様々な新しい軍事技術の効果を検証する実験台のようなものとなっていたのだ。翌年の東京空爆や広島・長崎への原爆投下がその甚大な規模での非人道的実験であったのに比べれば、一九四四年に米海軍が実施した攻撃型ドローンの実戦投入の規模は小さく、些細なものだったが、それでも戦争の意味の変化を象徴していた。

この米海軍の攻撃型ドローンの敵艦への使用は、一九四四年夏、その二年前に米軍の激しい攻撃で西太平洋ソロモン諸島のガダルカナル島の浅瀬に座礁したままになっていた山下汽船の輸送船山月丸を標的に始まった。この攻撃の最大の目的は、米海軍幹部にドローン攻撃の将来性を理解させるプロモーション映画を製作することだった。この映画『攻撃型ドローンの軍用試験(Service Test of Assault Drone)』は、四台の攻撃用ドローンTDR-1を用いて行われ、遠隔的に操縦されるドローンが、停泊中の日本船に航空魚雷を見事に命中させることを顕示していた(図3-2)。チャンドラーによれば、この映画は攻撃するドローンと標的の山月丸、それにドローンを操作する制御室の映像を交互に示し、このテレビ型攻撃システムの有効性を訴えていた。さらにそれは、こうしたドローン技術が日本軍兵士による自殺的な突撃にやがて取って代わるであろうこと、そしてこの技術は、いずれ米海軍の優秀なパイロットたちの実戦経験にも取って代わるであろうことも暗示していた(Chandler 2017: 100–103)。

ガダルカナルへの日本側慰霊団関係者の作成と思われるウェブサイトには、ドローン攻撃によって大破した直後ではないかと思われる山月丸の写真が掲載されているが、船の側面には大きな穴が開いている(図3-3)。このサイトの作成者は、「山月丸が擱座した浅瀬で魚雷が使用可能だったのかと大いに疑問に思っていた」が、写真の大穴は明らかに魚雷によるものと述べている(https://ameblo.jp/guadalcanal/entry-12078900503.html)。しかしひょっとすると、この大穴は、水中からの魚雷ではなく、史上初めて敵艦に使用された攻撃型ドローンによるものだったかもしれ

図 3-2 山月丸へのドローン攻撃の瞬間：左上，右上，左下，右下の順(Film stills from Service Test of an Assault Drone) by National Air and Space Museum

ない。もともと山月丸には七八名の船員が乗っていたが、二年前の攻撃で七二名が戦死していた。そのもう誰もいなくなった廃船状態の日本船に、開発されたばかりのドローンが執拗に攻撃を仕掛けたのである。だから、このドローン攻撃は、とても「実戦」と言えるようなものではなかった。そもそも山月丸は山下汽船の船が軍に徴用されていただけの話で、その廃船を大破させてドローン攻撃の将来性を証明することなどできるはずもなかった。とはいえ、ドローン開発推進派からすれば、ここで必要なのはドローンの将来性をアピールする印象的な映像にすぎなかったとも言える。

図 3-3　ドローン攻撃によって大破した山月丸の写真

そして実際、映画にはそうしたアピール効果があったようだ。米海軍のミサイル戦略を担当していたクラウス・ラーキン准将は、この映画を観てドローン攻撃の将来性を確信し、ソロモン諸島北西のブーゲンビル島に残っていた日本軍の拠点を掃討する作戦に攻撃型ドローンを投入する許可を与える。パプアニューギニアに近いこのブーゲンビル島には、四二年の時点では約六万人の日本軍兵士が駐留していたが、四三年一一月からの戦闘で敗れ、島の深いジャングルへの撤退を余儀なくされていた。この島は、高山が聳える険しい地形に加え、マラリアやチフスなどの病原体が蔓延し、米軍の追跡から逃れても病死する可能性が非常に高かった。その後の四四年三月の戦闘で、二万人前後いた日本兵のうち約一万三〇〇〇人の命が失われたが、そのなかの少なくとも四〇〇〇人以上は戦病死であったという。しかもこの時、米軍第三七師団長ロバート・S・ベイトラー少将は、降伏しようとする日本兵を捕虜とせずに射殺するよう命令していたとされ、多数の日本人が虐殺された。この南洋の島での戦闘はかくも悲惨であった。

史上初の攻撃型ドローンによる実戦投入は、この極限的な状況のなかで日本の敗残部隊を相手に実施された。もう勝敗はとっくに決まっており、実際的な戦果など問題になりようもなかった。そもそもドローンを投入すべき状況だったのかも大いに疑問である。日米双方に多少の正常な判断力があれば、道は投降しかなかったはずだし、必要なのはドローンではなく捕虜収容所のはずだった。だが、攻撃型ドローンの効果を試すというだけの目的で四四年一〇月末から四六機のTDR-1ドローンが対日戦で使用されていく。そして、ここまで弱体化していた日本軍が相手でも、ドローン部隊の成績は捗々(はかばか)しいものではなかった。戦場に投入された四六機のうち、実際に敵陣に突っ込んで自爆したのは二九機で、残りは機械の故障や悪天候のために離陸できないか、敵からの対空砲で撃ち落とされた。それでもラーキン准将は、ドローン部隊のうち二機は敵の灯台を爆破し、六機が対空砲の設置場所に日本軍が使っていた日本船を破壊したので、全体としてドローン作戦は成功したと報告していた。

以上が示すように、第二次世界大戦の時点での攻撃型ドローンの能力は、実際の戦闘を左右するレベルにまで達していなかった。テレビカメラの映像の精細度や電送能力、無線による機体の操縦性能、それに人間と機械のインターフェイスに関してまだ解決すべき問題が多すぎた。それにもかかわらず、この攻撃型ドローンの開発が、日本軍の「カミカゼ」に相当する攻撃性を無人機に持たせるという発想に貫かれていたことは注目に値する。攻撃型ドローンは何よりも、アメリカの「カミカゼ」として日米戦争の只中で構想されていたのだ。両者の間には、日本の「カミカゼ」が特攻隊兵士の自己規律化された忠誠に導かれていたのに対し、アメリカの「カミカゼ」は、電子的なメディア技術が可能にする可視世界の無限の拡大という別の信仰に導かれていたという違いがあった。この二つの信仰の軍事的な優劣はあまりにも明白だったが、注目すべきは、現代的な視覚メディアが無限に拡張する世界が、相手を客体として特定し、これを殺傷する能力の拡張を最初から内包していたことである。

安全な場所からの帝国主義戦争

アメリカの攻撃型ドローンが、このように日本の「カミカゼ」についての人種差別主義を伴った想像力に媒介されていたとしても、それら全体が、国際的緊張が高まっていた一九三〇年代の軍事と技術、それにメディアと死をめぐるイデオロギー的想像世界の一部をなしていたことは疑いようもない。そして、いささか驚くべきことに、すでに当時、ヴァルター・ベンヤミンが、古典「複製技術時代の芸術作品」においてドローンの可能性について予見していたことを、「ドローンの哲学」について透徹した考察を加えたグレゴワール・シャマユーは教えてくれている(Chamayou 2013 = 2018: 102)。ベンヤミンはたしかに、ツヴォルキンがこの新しい軍事技術をテレビジョンの延長線上で構想したのと同じ頃に、芸術の礼拝的価値と展示的価値を、その技術論的基盤としての手仕事的な「第一の技術」と機械的複製による「第二の技術」を対比させながら論じ、まさにそのなかでドローンの歴史的必然を展望していたのだ。

ベンヤミンの対比に従えば、第一の技術は「できるだけ多く人間を投入した」のだが、第二の技術は「できるだけ少なく人間を投入」する。第一の技術が実現するのは「「一回こっきり」の世界」であり、そこにあるのは「一度したら取り返しがつかない失敗だとか、未来永劫にわたって代理の意味をもち続ける犠牲死だとか」である。これに対して第二の技術が実現するのは「一度は数のうちに入らない」反復可能性である(ベンヤミン 1995: 598)。そのため、第一の技術においては、「犠牲をはらう人間」が讃えられることになり、第二の技術は「電波によって遠隔的に指令を受ける、パイロットのいない飛行機」に行き着くことになる。なんとベンヤミンはすでに一九三〇年代、電子的な通信技術や映像技術により、「パイロットのいない飛行機」が「犠牲をはらう人間」を駆逐していくであろうことをはっきり予見していたのである。

ベンヤミンのこの先見性は驚嘆に値する。ただし、この予言的記述が登場するのは、「複製技術時代の芸術作品」の第二稿で、決定稿とされる第三稿ではこの記述が消える。数多ある日本語訳で言えば、第三稿を採用した晶文社版や河出文庫版にはこの記述は現れず、第二稿を採用した岩波文庫版とちくま学芸文庫版にのみ登場する。そしてこの箇所は、普通に読んでいたら読み飛ばしてしまいそうなさりげない仕方で書かれている。だからベンヤミンとすれば、アイデアの一つにすぎなかったのだろうが、一般にベンヤミンのヴィジョンが最も縦横に展開されていたとされる第二稿で、彼が複製技術の未来にドローンの可能性を展望していた意味は大きい。そしてこの論文の末尾は、ファシズムと戦争の関係を論じ、現代の戦争における圧倒的な技術の優越がアウラを廃絶させていくのだと語っていた。技術は爆弾を都市に撒き散らし、ガス戦を展開することで、かつて人間がしていたような戦いの領域を消滅させてしまう。ベンヤミンはこうした戦争の未来が「電波によって遠隔的に指令を受ける、パイロットのいない飛行機」、つまりはドローンによって完璧に実現すると考えていたのだ。（ベンヤミンの「複製技術時代の芸術作品」は、原典が複数な上、多数の邦訳文があり、相互に微妙な差異がある。ここで「パイロットがいない飛行機」と明示しているのは、第二稿のドイツ語原典からシャマユーが仏訳した文が、渡名喜庸哲氏により邦訳されたものだ。右記の岩波文庫版では「乗員なしで遠隔操作で飛ぶ飛行機」と、ちくま学芸文庫版では「乗務員を必要としない遠隔操縦の飛行機」となっている。今では「ドローン」の一語で共有されるイメージが、これらの訳書が出版された時点では、まだ共有されてはいなかったことが察せられる。）

シャマユーは、ベンヤミンによる二つの技術の対照に基づいて、日本のカミカゼとアメリカのドローンが、どのような身体技術論的対称性を示していたのかを確認している。すなわち、一方の先にあるのは「犠牲の技術」であり、他方の先にあるのは「遊戯の技術」である。前者が要求するのは身体の全面的な関与であり、そこには「生を有した行為の特異性」がある。他方、後者が要求するのは身体の全体的な離脱であり、そこには「機械的な挙措の際限なき反復可能性」がある。この両者の対照を生んでいるのは身体と機械の関係についての認識の違いである。すなわち、「カミカゼでは戦闘員の身体が武器と融合しているのに対して、ドローンでは両者は根本的に分離している」。その結果、「カミカゼの実行者にとって、死は確実であるのに対し、ドローンのオペレーターにとって、死は不可能である」。シャマユーが強調するのは、「カミカゼとドローン、犠牲兵器と自己保存型兵器は、先史時代の後に有史時代が来て一方が他方を追い払うように、直線的な時系列上で一方の後に他方が来ているわけではない」ことである。むしろ、「二つの相対立する戦術が歴史的には相互に呼応しながら結合して出現」していたのであり、両者は表裏一体の関係をなす(Chamayou 2013 = 2018: 102–103)。

シャマユーが注目するのは、すでに考察した「カミカゼ」と「電子的な眼を持った空飛ぶ魚雷」の双子的な関係が、すでにその端緒から当事者に意識されていたことである。彼は、先に引用したツヴォルキンの記述で「特記すべきなのは、彼が、ドローンの祖先を反カミカゼとして構想していた点」だとする。つまりここで、「ドローンはカミカゼに対し解毒剤として呼応すると同時に、双子星としても呼応」していた(Chamayou 2013 = 2018: 105)。カミカゼとドローンは、そもそもまったく同じ問題に対する二つのまるで異なる解決法だったのだ。両者はそれぞれ「他方のアンチテーゼであり、悪夢である」。両者は「自分の死か他者の死か、犠牲か自己保存か、危険か勇気か、脆弱性か破壊性か。一方は死を与え、他方は死に身を晒すという、死に対する関係についての二つの政治的 - 情感的な経済」を提示している(Chamayou 2013 = 2018: 106)。

ここにおいて、アメリカ的価値観からするならば、カミカゼは「即座に生命の軽視と解釈される。これに対して、生命への愛という倫理が対置されるわけだ――そして、ドローンはおそらく、その完璧な表現」となる。しかし、ドローンが大切にするのは、「われわれの生命なのであって、すべての生命一般ではない」。つまり、その生命への愛は、他者の生命の全否定の上に成り立っている(Chamayou 2013 = 2018: 107)。

シャマユーの観点からするならば、ドローンは「人間狩り」の技術である。そのオペレーターは、「もはや敵と戦うのではない。野うさぎを撃つように敵を排除する」のである(Chamayou 2013 = 2018: 110)。この殺戮行為の背景をなすのは、帝国主義列強同士の戦争というよりも、帝国主義国家と植民地の叛乱者たちとの極度に不均衡な戦闘である。一八九九年、スーダンで続いたマフディの反乱に悩まされてきた大英帝国とエジプトの連合軍は、ホレイショ・H・キッチナーが率いる大軍を、大砲や機関銃などの重装備で派遣し、マフディ軍を殲滅した。このオムドゥルマンの戦いで、英国側の戦死者は四八名にすぎなかったのに対し、近代的な兵器を欠いていたマフディ軍の死者は一万人近くに達したという。わずか一機のエノラゲイが、十数万人の広島市民を虐殺した原爆投下に比べれば小規模だが、ここでの不均衡は圧倒的である。そしてこの圧倒的な不均衡を引き継いでいる意味で、「現在のドローンの使用は、それなりのしかたで、小銃や機関銃に対する投槍や古い豆鉄砲という「非対称戦争」、もはや英雄を必要としなくなった「小さな戦争」の延長上に位置づけられる」のだ(Chamayou 2013 = 2018: 112)。

現代の戦争は、核戦争による人類の破滅というカタストロフを想定する冷戦時代のものから、誘導型ミサイルであれドローンであれ、絶対的に安全な場所に身を置く超大国の兵士が、これに叛逆する周縁的な指導者や兵士、グループを殲滅する、かつての植民地戦争に近いものへと回帰している。そしてここで戦力の核をなすのは「視力」なのである。すでにコソボ紛争に際してイグナティエフが論じたように、「電子的な眼」による可視化と制御の諸技術の革新によって、戦争の様相は一変してしまった。すなわち、この「電子的な眼」の統御によって自由自在に空爆を重ねていくことができる側は、自らはほとんど傷つくことなく、圧倒的な破壊を相手側にもたらす。しかしある意味で、このような極度の非対称性は、すでに論じた日本や朝鮮半島への空爆にも見られたものだった。歴史はしばしば、長い時間のなかで蘇るのである。

〈銃〉と〈眼〉のメディア論的結合

以上の考察は、「カミカゼ」と「ドローン」という問題系の先に、二つの明らかにすべき問いがあることを示唆している。一つは、メディアとしてのドローンについてであり、もう一つは、ドローンと植民地主義の関係である。すでに第1章で論じたように、かつてポール・ヴィリリオは、「兵器とはただ単なる破壊装置であるばかりでなく、視覚の装置でもある」と述べ、さらに「戦争の歴史とは、まず何よりもその知覚の場の変貌の歴史」であるとも論じていた(Virilio 1984 = 1988: 7–11)。だから彼は、「偵察機こそが空中兵器の出発点」であるとしたのである。この視覚装置としての空中兵器が決定的な一歩を踏み出したのは第一次世界大戦で、ヴィリリオは、一九一四年に飛行機は「あるひとつの視覚様式となり、おそらくのところ最終的視覚様式となった」と語っていた(Virilio 1984 = 1988: 31)。

すでに論じてきたことから明らかなように、爆撃機が〈銃〉を持った飛行機であったとするならば、偵察機は〈眼〉を持った飛行機だった。ヴィリリオは端的に「偵察飛行機の「眼」はなによりも、初めて飛行機に搭載されたカメラ・レンズの眼」なのだという。

> 〔この〈眼〉を通して〕戦争の視覚的現実に運動が内包されはじめたのだ。すべての光景は変化し、相互に交換可能となって、探索すべき指標も次々に消失し、参謀本部の地図や古い地形見取り図が使用不能と化してしまう。カメラのシャッターだけが戦闘の経過、刻々と変化する前線の様態、そして次第に崩壊してゆく前線のシークェンス的展開を、可視的に残存させることができるというわけである。新しい戦場の位置、長距離射程砲撃の効果、さらには各陣地の破壊程度を記録しうる連続撮影写真のみが、カメラにも似た兵器の連続作動的破壊能力を補強できるという事態が生まれたのだ。（Virilio 1984 = 1988: 147）

ヴィリリオがこう書いている〈眼〉としての偵察機の段階から、ツヴォルキンが提案した「電子的な眼を持った空飛ぶ魚雷」までもうあと一歩である。両世界大戦期を通じ、軍用機の発達において〈銃〉と〈眼〉は相補的な関係をなしていく。この路線の先で、「レーダーやソナー、戦時の参謀本部を代替する偵察衛星搭載の高精細度カメラなど、世界を可視化する不可視兵器が生まれ」ていった。そこで必要とされたのは、「広大な前線の地域をも、またどのように些細なディテール〔略〕をも再現しうる多量のイメージ群を前にしつつ、イメージの混同や同一視を避けること」だった。その際にはイメージが「包括的だが、不安定な環境にあって〔略〕多量な情報を同時的に管理することの困難さ」が障壁となっていたのだが、この困難はやがて、画像についてのビッグデータ解析やＡＩ技術によって乗り越えられていく。この未来を予見するように、ヴィリリオは一九八四年の時点で、空からの写真撮影が「偵察飛行から得られる各種データの処理だけでなく、同時発生的な作戦や反撃の厳密な管理においても、コンピュータがやがて内蔵することになる統計学的記憶を先取りしていた」と書いていた(Virilio 1984 = 1988: 149)。

もうここまで来れば、東京空爆から「カミカゼ」に触発された攻撃型ドローンまでの空爆技術の発展が、狭義の軍事論的なテーマであるという以上にメディア論的なテーマであることは明らかだろう。マーシャル・マクルーハンの観点からするならば、この種の〈銃〉と〈眼〉の結合は、アメリカにおける銃器史の深層に横たわっていたということになる。彼は、メディアを身体の拡張技術として捉えた古典的著作において、「矢が手と腕の拡張だとすれば、ライフルは眼と歯の拡張である。銃腔に旋条をつけ、照準を改良する必要を最初に主張したのが、文字文化性の強いアメリカの入植者であった事実は、いまの問題と関連があるはずである」と書いていた。いうまでもなく、マクルーハンが「文字文化」というときには、聴覚性や触覚性に対する視覚性の優越が含意されている。だからこそ、近代における銃火器の発達は「遠近法の興隆につながり、さらには文字文化に内在する視覚的力の拡張に結び」ついてきたのである。実際、「ライフルを目の拡張として用い、空間の中から、他の物体と切り離され孤立した標的をやすやすと選び出すなどということは、非文字文化の人びとにできる技ではない」(McLuhan 1964 = 1987: 357)。

もっともマクルーハンは、他のテーマで現代の知覚世界の大転換を論じるときと同様、このような視覚中心の兵器の世界が、電子メディア時代にはより圧倒的な破壊力を持った包括的な兵器に取って代わられていくと考えていた。彼は、この変容が第二次大戦のなかですでに生じていたと考えており、「電気のテクニックは、まるで明かりのスイッチを切るように、一瞬にしてすべての生命を終わらせるのでなければ、攻撃用兵器としては使えない」と語る(McLuhan 1964 = 1987: 358)。彼は、この言明のしばらく後で、口承的文化を生きていた人々に、文字的な視覚文化がもたらした諸々の技術が不気味な攻撃と映ったのと同じように、「原子爆弾の存在自体が、産業的、機械的社会すべてに攻撃をしかけているように見える」と述べているから、ここに広島・長崎への原爆投下が想起されていたことは疑いない(McLuhan 1964 = 1987: 361)。

だが、ここには何かの見落としがあったのではないか。活字と電子、触覚的と視覚的、ホットとクール、外爆発と内爆発、機械的運動系と情報的中枢神経系。マクルーハンはいつも連続よりも切断を強調する。だが、マクルーハンが正しく問題化した近代西洋における視覚的なメディア技術の突出は、電子メディア時代のなかで大転換を遂げるどころか、ますます連続的に突出し続けた。それは、とりわけ第一世界大戦以降に大発展する航空機における〈銃〉と〈眼〉の、つまりは機械的運動系と情報的中枢神経系の結合によって、歴史上かつてないほど徹底したものになっていったのだ。いうまでもなく、第二次世界大戦中、旧日本軍の「カミカゼ」に触発されながら誕生した攻撃型ドローンは、そのような結合の必然的な帰結だった。

これまでの議論が示すように、攻撃型ドローンの眼差しとは、その端緒においてテレビジョン的な眼差しなのだが、ここでいう「テレビジョン」が、マクルーハンが挑発的に述べたように「映画や写真とはまったく共通点がない」と言い切れるかどうかは疑問である。彼は、映画や写真の視覚性、ラジオの聴覚性に対し、テレビの触覚性を強調したのだが、そのテレビの触覚性が明らかに視覚的なものである事実を深くは掘り下げなかった。しかし、これは裏を返せば、テレビにおいては映画的な視覚性が今や触覚性までをも帯びるようになったことを意味していたのではなかったか——。ここでいう「触覚性」とは、親密な身体的相互性である。今日、ビデオゲームからドローン攻撃までの視覚性は私たちの身体に対し、きわめて強く触覚的な対応を要求してくる。前述のシャマユーは、ドローンの視覚性が写真や映画の視覚性とは明らかに異なることを認識しており、ここでの「視覚」は、「対象を表すために用いられるのではなく、対象にはたらきかけるため、対象に照準を合わせるために用いられる」ことに注意を促している（Chamayou 2013＝2018: 136）。つまり、現代の視覚は徹底して「眼＝銃」なのであり、それはすでに触覚と結合し、機械的運動系と情報中枢神経系は別のものではなくなっているのだ。

第４章　空爆という上演——眼差しとふるまい

「自爆」としての「カミカゼ」

第一次大戦時にイタリア軍やイギリス軍で始まり、その後、米軍が主導権を担ってきた空爆の歴史には、空爆主体と空爆対象との圧倒的な軍事力の差が存在すること、空爆主体は対象を徹底して精密に可視化してきたことなど、著しい一貫性があった。しかしより詳細に論じるなら、米軍の空爆戦略は、ベトナム戦争での手痛い挫折を経て、大きく方針変更を余儀なくされた。それはすなわち、彼らが日本列島から朝鮮半島へと連続させてきた焼夷弾の大量投下による地域全体の無差別大量殺戮から、より上空の人工衛星やドローンを駆使した常時監視型の焦点化された空爆への転換である。空爆するアメリカは、自国兵士には最小限の犠牲しか出さずに相手を徹底的に打ちのめすために、より離れたところから相手を精密に可視化するメディア技術を信頼し続け、そのようなメディア技術の発展こそが、空爆の歴史の主軸をなしてきた。

そしてまさに、このようなアメリカのメディア技術への深い信頼と著しい対照をなすという意味で、日本軍のカミカゼ攻撃と今日のアフガニスタンや中東で絶えることのない自爆テロは重ねることができるのである。日本軍はかつて、もう完全に勝敗が決まった戦争の終わりをただ引き延ばすために、技術力では歯が立たない相手に対し、メディア技術を発達させるのではなく、人間そのものをメディア技術に代替していった。つまり、アメリカは二〇世紀を通じ、一方では映画からテレビ、衛星通信にインターネットまでのメディア技術を発達させ、他方で他者を殺傷する技術をそのメディア技術と一体化させてきたのだが、日本軍ではそのような「メディア化＝脱人間化」の力学はあまり働かず、むしろ人間を非人間化する組織的圧力、つまり兵士個人をその生命とともに徹底して機械の一部にしてしまう組織文化が発達した。そして第二次大戦末期の日本軍ほど組織だった仕方ではないにしろ、今日の自爆テロもまた、同様の戦士たちの非人間化を、欧米列強のメディア技術による可視化に対抗させている。

日米戦末期、「カミカゼ＝特攻」が日本軍の正式な作戦として始まるのは、一九四四年一〇月、フィリピンのレイテ沖海戦で海軍が「神風特別攻撃隊」を投入してからである。しかし、それ以前から様々な方面で「体当たり」攻撃は提案されていた。前章でも論じたように、それは一九三〇年代初頭の横尾敬義による「魚雷肉攻」案にまで遡れ、航空機以前に水雷型の「特攻」の提案が様々になされていた。そしてこれらの検討が、真珠湾奇襲における特攻型潜水艦「甲標的」の採用ともなり、「特攻」という発想が陸軍以上に海軍で広がっていった理由でもあった。

日米戦争が始まると、霞ケ浦航空隊の教官だった城英一郎は、一九四三年六月の時点で「敵艦船ヲ飛行機ノ肉弾攻撃ニ依リ撃滅スル」体当たり攻撃を提案していたし、マリアナ沖海戦が始まった四四年六月には、戦闘機部隊を率いていた岡村基春大佐から「今日の戦勢を打開する方策は、飛行機の体当たり以外にない」との進言が海軍上層部になされていた（栗原 2015: 15–17）。日米の圧倒的な軍事力の差を海軍兵学校で教育を受けた軍事エリートたちは熟知していたし、ミッドウェー海戦で惨敗した後は、もはや日本軍に勝ち目がないことも明白であった。そのような絶望的な状況に自分たちが置かれていることがわかっていながら、海軍の将校たちは負け戦を認めるよりも、「肉弾攻撃」で一矢報いることに微かな期待をかけていくのである。

したがって、ここにはいくつもの責任逃避と先延ばし、決定者の不在が存在する。そもそも昭和天皇は、早ければ一九四二年夏頃、遅くとも翌四三年九月までに、自国に勝利の見込みがないことを知っていた。しかし、ジョン・W・ダワーの的確な表現を借りれば、彼は「夢遊状態でふらふらと」歩き続けたのである。皇位継承者として帝王教育を受けてきた彼は、軍事についても詳しく、戦況を理解する知的能力を備えていた。それにもかかわらず、恐ろしくても必ずやって来る未来を率直に認め、命を賭して既定路線を修正する倫理と勇気を欠いていた。だから、「米軍による本土空襲が本格化すると、彼が動揺したのは当然だが、積極的に手を打つ段になると呆然として、ほとんど硬直状態といってよかった。〔略〕側近たちは、聖戦はすでに崩壊しておりますとは言えなかった。軍事作戦が大失敗に終わっても、もっと犠牲と流血を重ねればいずれアメリカは和平を求めてくることでしょうと、粉飾して伝えた」(Dower 2010＝2021: 150(上))。

そして、陸海軍の首脳たちも、四四年七月、サイパンが陥落した時点で、そこから飛び立つ爆撃機が、今にも日本列島のどこであろうと徹底した空爆をしていくことを知っていた。当然、その空爆で数えきれないほどの民間人が命を落とすことも予想の範囲内であったはずだ。だから、四四年秋までに全面降伏の決断をしていれば、東京大空襲をはじめ、第1章で述べた日本列島を焼き尽くす空爆はなかったし、沖縄戦も、広島や長崎への原爆投下も、あるいはソ連軍の北方四島への侵攻もなかった。それにもかかわらず、天皇も政府も軍もその他の責任ある立場の者たちも、誰もが自らの「立場」を守り、周囲の気分との決定的な対決を避けたのである。

そして、そのような「先延ばし」の代替として、まさにこの時期から「特攻」が、本当にそれが危機打開の切り札になると信じられてというよりも、「聖戦」が「敗戦」となることの恐怖から逃れるにはもう他に方法がなくなってしまったが故に、軍の主要な作戦として浮上していったのだ。つまり、政府や軍の首脳たちにとっても、また戦争のリアリティを支えてきたメディアや少なからぬ国民自身にとっても、何千という若者たちがまったく無意味に死んでいくことは、「敗戦」によって自分たちのアイデンティティを支えてきた国の成り立ちがひっくり返ってしまうことよりも、ずっと受け入れやすいことに思えたのである。

それは、一種の自己催眠に近いプロセスであったが、そのような催眠術がいかに同時代のメディアに媒介され、さらにそれが戦後も今日まで繰り返されてきたかについては、「特攻」のメディア表象についての福間良明と中村秀之による研究が精緻に明らかにしている。

一方で福間は、メディア研究(media studies)の視点から、特攻戦死者の出版された遺稿集やそれらを原作とした映画について、その製作と受容のプロセスを丁寧に読み解いている(福間2007)。遺稿集の言説的布置からすれば、一方に大ヒットとなった『きけわだつみのこえ』(一九四九年)があり、他方にそれへの対抗的言説としての『雲ながるる果てに』(一九五二年)がある。そして、それから十数年の時間を経て、『あゝ同期の桜』(一九六六年)がまとめられてきた。福間が論じたように、これらそれぞれの死者の語りのテクストが、その文脈に応じて異なるスタイルの映画作品を生み出し、それらは異なる仕方で社会的に受容されてきたのである。こうした相互に関連したテクスト／メディアの生成と布置、全体的な生産と消費のプロセスを捉えることは、メディア研究の正攻法の主題である。

なぜならば、遺稿という数ある戦死者の語りの中から特定のものを選び、一定の配列に並べて解説を付して本にしていくことには、当然ながら編者の視点が深く関与する。さらにそこに収録された様々な語りからある映画作品＝物語が生まれるためには、監督やプロデューサーの意図が介在していかなければならない。しかも読者や観客は、たとえば新聞や雑誌での評のようなメタ言説を参考にしつつ、選択され、編集されたテクストを、それぞれの立場や関心に従って受容していくのだが、これは実は、観客が自ら「特攻」についての自分なりの物語を作り上げていく過程でもある。つまり、「特攻」を主題とする言説群を政治的、イデオロギー的、商業的企図が媒介し、それらの多層的な解釈過程によって「特攻」をめぐる社会的意味世界は構築されている。福間が照準したのは、そのようにして「特攻」をめぐって語られたテクストが、それらが受容されていったコンテクストとの間に生み出した諸反応であった。

他方、中村は福間とも重なる対象を映画研究(film studies)の視点から解析していく。中村が照準するのは、特攻隊映画の表象それ自体の生成と形式、そして論理である(中村 2017)。彼は、「特攻」がテーマとなった戦中期のニュース映画や劇映画、ポスト占領期に再出現する独立プロ系の特攻隊映画、高度経済成長初期の特攻隊映画、さらには一九九〇年代以降の新自由主義的なポピュリズムの時代の特攻隊映画というように時系列で特攻隊の表象そのものの映像分析を重ねている。このような視点の違いから、福間の分析がどちらかというと遺稿集やそれを原作とした映画の製作とこれらのテクストを受容する社会やメディアに向けられていくのに対し、中村の分析の力点は、特攻隊映画の表象そのものとそれを創り出していった映画製作のカメラやシナリオに向けられることになる。

この中村のアプローチがとりわけ鮮やかなのは、たとえば一九五三年、戦後初めて封切られた独立プロ系の特攻隊映画『雲ながるる果てに』のラストシーンを分析するときである。そこでは傷が癒えないまま出撃していく特攻兵を、「特攻隊はいくらでもある」と冷ややかに見下す参謀の発言から教室で唱歌を唄う学童のシーンへのモンタージュが論じられるが、中村はラストシーンのショットの連鎖全体を分析し、それが軍参謀の発言は無数の「少国民」が控えているから「特攻隊はいくらでもある」という認識を示すものであることを示唆するのみならず、その後に無人の宿舎が捉えられ、さらに特攻機が消えた空を見つめる特攻兵たちの肉親が、巨大な基地の構造物に囲われている風景を示すことで、すべての命が「蕩尽」され、国家の機構だけが残る未来を暗示していると考察している(中村 2017: 118–120)。映像に徹底して淫するところからテクストの意味を考える中村らしい分析と言える。

特攻兵という爆弾の〈眼〉

とはいえ、本書の関心は、ここに示された「特攻」をめぐるメディア表象にあるわけではない。

すでに論じたように、本書は「特攻」をメディア表象としてではなく、それ自体をメディア行為として、とりわけ「アメリカのカミカゼ＝ドローン」と非対称的に対照的な「メディア＝メディアならざるもの」として捉えようとしている。つまり「特攻＝戦争」は、表象の問題系である以前に技術の問題系なのだ。その意味で、中村が著書のなかで繰り返し、青い空と白い雲の彼方に消える特攻機のゆくえについて論じているのは重要である。

たとえば彼は、かつて小田実が特攻隊映画をめぐって書いたエッセイに注目する。そこで小田は、「出撃した特攻機はそれからどうなったのか」という問いを提起していた。その文章で小田は、特攻隊員の「行為を最後まで見とどけようとしない、その最後の無意味な悲惨さからことさらに眼をそむけようとするロマンティシズム」を批判した。そうした「ロマンティシズム」、つまり決定を先送りし、責任を回避し、それぞれがその立場を守り続ける日本社会の「感傷」が問われていたのだが、これ対して小田は、「やはり、特攻機のゆくえを最後まで見とどけるリアリスティックな眼をもちつづけたい」と語っていた(中村 2017: 44)。

中村が論じるように、ポスト占領期の『雲ながるる果てに』は、この小田の問いにある程度まで答えていたとも言える。というのも、前述したラストシーンの直前、「特攻隊は米軍の機動部隊を発見し、突入するが、激しい艦砲射撃を受けて次から次へと火だるまになって海に落ちてゆく。これは米軍が撮影した記録映像で、戦時下には日本の映画観客がほとんど目にすることのなかった映像」であった(中村 2017: 115)。つまり、日本のニュース映画や劇映画は、特攻機のゆくえについての「リアリスティックな眼」をまるで持ち合わせてはいなかったのだが、すでに論じてきたように、米軍はその特攻機の最後をリアルに記録する〈眼〉を備えていた。そして中村によれば、これ以降、多くの特攻隊映画で米軍の記録映像が使用されることになる。

しかし、ここで中村が問うのは、この米軍記録映像の使用が、本当に小田が提起した「特攻機のゆくえ」という問いに答えていることになるのかという点である。中村が指摘するように、小田が提起していたのは、あくまで特攻隊を送り出したものが、「その最後の無意味な悲惨さ」を徹底的に見とどけなければならないという主張だった。

この深刻な問いはしかし、「アメリカのカミカゼ＝ドローン」ならば、まったく問題にはならない。こちらの「カミカゼ」は、標的に突撃して自爆するまで、その視界は地上のコントロールセンターから遠隔で操作＝監視され続ける。つまり、この「アメリカのカミカゼ」がテレビジョン技術と無線通信技術、さらにはサイバネティクス技術を駆使することで操作可能にしようとしていた「自爆機のゆくえ」の問題が、「日本のカミカゼ」の場合には、すべて特攻兵の「大和魂」の問題へと、おぞましい仕方で「精神」主義的に還元されていたのである。しかしながら、「大和魂」などというのは実に怪しげな「お守り言葉」（鶴見俊輔）で、特攻兵の誰もがそんなでっち上げを信じるほどに愚かであったとは私は思わない。

なぜ、そのようなことが生じていたのか——。この点を考えるには、もう少し詳しく日本軍での「特攻」作戦の浮上を振り返っておく必要がある。すでに述べたように、日本軍が特攻作戦を実際に展開していくのは一九四四年一〇月のフィリピン戦線からだが、そこに至る動きは、すでに同年春頃から陸海軍双方で始まっていた。栗原俊雄によれば、陸軍では同年三月、東条英機首相と関係の深い後宮淳大将が航空部隊のトップに就任し、「体当たり攻撃」を指示する。これを受けて八月以降、爆撃機までもがもう爆弾を投下できない体当たり専用の機体に改修されていったという(栗原 2015: 21–22)。

他方、海軍でも、上意下達で通常の戦闘から「体当たり攻撃」中心の戦闘への転換が図られた。再び栗原によれば、海軍ではすでに四四年二月、自爆型の人間魚雷「回天」の試作が始まり、一〇月までに水上特攻機「震洋」も完成していた。海軍航空部隊の中枢にいた大西瀧治郎は、「われに飛行機といふ武器があり、體當りの決意さへできてをれば敵の機動部隊を怖れることも要らないし、むざ〳〵B29に本土を蹂躙させはしない、敵空母を發見したら空母を、B29を見つけたらB29を悉く體當りで屠り去ればよいのだ、體當りの決意さへあれば勝利は絶對にわれに在る」との発言を記者相手にしていたようだ(『読売新聞』一九四四年七月一九日)。

栗原は、なぜ陸海軍の中枢がこのような自己破壊的な作戦と強弁をせざるを得なくなっていったかを検証している。もともと日本にはアメリカとの戦争に勝つ見込みなどほとんどなかったわけだが、勝敗が決定的になるのは、一九四二年六月のミッドウェー海戦での惨敗によってである。この戦闘で、日本海軍は主力空母四隻が撃沈され、三〇五七人が戦死し、戦闘機や爆撃機などの搭乗員二一六人が死んだ。主力空母が失われ、多くの熟練したパイロットも失われたことは、もはや日本にはこの戦争で勝利する可能性がまったくなくなったことを意味していた。それからの二年間、日本軍はじりじりと米軍に追い詰められていくが、さらに決定的となったのは、一九四四年六月のマリアナ沖海戦だった。この戦闘の敗北でサイパン島が陥落し、日本本土全域が完全に米軍の空爆射程内に入る。そしてその先で起きたのが、すでに述べたレイテ沖での海戦である。この時点では、もはや日米の軍事力の差は圧倒的で、「雲霞のごとく押し寄せてくる米軍機に対して、フィリピンの海軍航空隊兵力わずか三九機、陸軍を合わせてもおよそ七〇機でしかなかった」(栗原 2015: 41)。あらゆる面で、もうまともに戦えるような状態ではなかったわけである。それにもかかわらず、日本軍は巨大な敵に向かって自殺的な戦いを続けていく。

この絶望的な状況下、前線の部隊がなお戦い続けるしか選択肢がないなかで採用されたのが「特攻」である。軍の指揮官たちの前提となっていたのは、量的な面ばかりでなく質的な面での自軍の劣化だった。ミッドウェー海戦からマリアナ沖海戦までの多くの戦闘で、すでに熟練した航空兵は失われてしまい、残っている兵には「敵艦に爆撃、雷撃するどころか単独で飛行するのが精一杯という搭乗員が多かった。彼らを戦線に投入しても、被害が増すばかりで戦果は期待できない。それならば、体当たりさせる他はない」という冷徹な判断が浮上していったのだ(栗原 2015: 89)。日本軍は実質的にもう兵士を訓練することすらできなくなり、戦争の全体像のなかで必要な決断を下す能力も失っていた。残った飛行機もわずかで、燃料も十分ではなく、搭乗員も力不足だったので、「できるのは、残った少ない飛行機に半人前の操縦者を乗せて、敵に突っ込ませることしかなかった」のである(栗原 2015: 98)。

当然ながら、「特攻はきわめて効率の悪い作戦であった。二百五十キロ以上の爆弾を抱いた航空機は機動力が劣るため、敵戦闘機や戦艦の弾幕を潜り抜けられる可能性は少なかった。しかも、重力加速度が加わる投下爆弾に比べると、特攻は速度と貫通力に欠け、破壊効果は限られていた。

特攻は「一機で一艦を屠る」ことがうたわれたものの、十機程度が同時に最良の条件で命中しなければ大型の空母・戦艦を撃沈できないことは、すでに沖縄戦の時期には知られていた。〔略〕明らかに非効率であり、なおかつ、大型戦艦を撃沈した事例は皆無だった。それに費やされた航空機数は約三千機に及んだ」と、福間は要約している(福間 2007: 22–23)。

そして、個々のパイロットの戦闘能力も、日米開戦の頃に比べれば、はるかに未熟練化していた。実際、「特攻要員は、海軍飛行予科練習生(予科練)出身者や予備士官・見習士官の学徒兵など、二十歳前後の者が大多数を占め、航空隊幹部や兵学校出身の将校、古参パイロットは、部隊の維持に必要であるという大義名分により、特攻に加わることはごくまれだった」(福間 2007: 24)。これは将校や古参のパイロットたちが予科練生や学徒兵を差別していたとも読めるかもしれないが、同時に日本軍はそのような未熟練の者たちまでも最前線に出さざるを得なくなっており、その者たちの効果的な「使い方」は、特攻以外になかったとも言えるのである。

したがって、特攻兵は、実は「兵士」として主体化することすら拒否されていたのだ。前述の福間と中村が、特攻隊映画のなかで特異な作品として共に注目するのが、一九六七年に中島貞夫監督が任俠映画全盛期の東映で撮った『あゝ同期の桜』である。二人が強調するように、この映画が貫いたのは、特攻による死に対する意味づけの徹底した拒絶だった。中島はその作品について、「戦争の中での死は、全て惨死です、犬死です。その空しさと、生の重みをはっきりと描き出すことが、今の私に与えられた仕事であると信じています」と語っていた(中島 1967: 84)。つまり、「中島にしてみれば、「特攻戦という愚行の中に死んで行った方々の死を美しく詠い上げること」は、かえって彼らへの「冒瀆」であり、そうした「死の美学」化を排しながら、その「惨死」「犬死」の「空しさ」を描くこと」が重要だった(福間 2007: 105)。そのため、カメラは、「意味に回収されることを拒む」主人公たちの身体を凝視し続けた(中村 2017: 204)。

この徹底的に「冷やかで硬質な」凝視によって、中島は特攻兵士たちの身体が「火器弾薬に等しい消耗品でしかなかった」ことを鮮やかに浮かび上がらせたのである。だから、中島が言及するある生き残りの特攻隊員の、「私は軍隊に入って、一度も火器弾薬を扱ったことがなかった。特攻機にのって、沖縄につっ込んで行った人々の中にも私と同じく火器弾薬を一度も扱ったことのなかった人々が多かったのではないだろうか」という言葉はとても示唆的である(福間 2007: 105)。「カミカゼ」の航空兵に期待されていたのは、パイロットとしての戦闘能力ではなかった。むしろ彼らは、火器弾薬の一部となることを強いられていたのである。

このようにして、今や「アメリカのカミカゼ」と「日本のカミカゼ」の非対称的な対照性が明らかとなる。戦争末期、追い詰められた日本軍指導層は、徴兵されて間もない若く未熟な兵士たちの身体を徹底的に単機能化＝モノ化する選択をした。彼らは敵艦に突入する爆弾の一部となり、それらの爆弾を誘導する〈眼〉となるよう要求されたのだ。この場合、攻撃する本体は爆弾そのものので、特攻兵たちではない。特攻兵たちの生命は、そもそも彼らが爆弾の一部と見なされた時点で、すでに失われてしまったのである。彼らは数々の美辞麗句に飾られながら、生きる可能性を奪われ、純粋に爆弾誘導機能にロボット化された。このロボット＝兵士は、敵を眼差し、その敵に突入する方向を爆弾に伝える視覚ロボットである。いうまでもなく、彼が遂行するのは、軍に技術力と資源があれば、生身の人間でなくても遂行可能なものだった。しかし視覚技術も通信技術もないなかで、日本軍は特攻兵たちが人間であることを否認し、彼らを爆弾の眼であることに殉じさせたのである。そして、この〈眼〉には、厳密な意味で受け手がいなかった。つまりそれは「メディアならざるメディア」、受け手のいないメディア装置であった。

この「受け手がいない」という条件は、そうした不在を逆に言説の過剰さによって代償しようという動きを戦地から離れた本国に生じさせていく。つまり、ドローンの場合とは異なり、〈眼〉は、コントロールセンターとの交信圏の彼方に行ってしまったので、本国のほうでは〈眼〉の体験を勝手に想像することになった。こうして戦争末期からポスト占領期にかけて、「特攻＝カミカゼ」をめぐる無数の言説と、それを消費する膨大な受け手が発生する。このような二次的な「表象としての特攻」についての言説＝表象史に関しては、すでに述べたように福間と中村が周到に考察をしている。兵士たちの「脱人間化＝モノ化」を、彼らを送り出した社会に納得させるには、彼らの惨死、犬死を神秘化する必要があったのである。

中村はこの神秘化を、日本社会が彼らを爆弾の一機能ではないどころか、むしろ「生きてゐる神」だったのだとして聖化していく過程として捉えた。特攻兵たちは、「現実に遺体を回収することがほとんど不可能であるだけでなく、「生きてゐる神」であるかぎりにおいて、その身体はすでに原理的に**ありえない**ものとされ」たのだ（中村 2017: 47）。こうして特攻兵たちは、いわば二重に殺されていた、その人間性を二重に奪われてきたのである。

空爆する帝国　自爆する野蛮

二〇〇一年九月一一日、ニューヨークの世界貿易センタービルに旅客機が突っ込んで猛然と噴き上がる煙の中でビルが崩れ落ちていく映像は、瞬く間にアメリカ人に広く共有されてきた集合的記憶を呼び覚まし、これを一九四一年一二月七日(日本では八日)の日本軍による真珠湾奇襲の風景に重ねさせた。「アメリカ人の大半は、同時多発テロは真珠湾攻撃に似ていると直感的に思った」のだ。そして、「九月一一日のあと、「真珠湾」という言葉はアメリカ人の怒りと、迅速かつ完全な報復への欲望を表現しただけでなく、国家としてまったく備えがなかったことへの深いショックを思い出させた。「眠っている間に」攻撃されたという真珠湾のイメージ、そして堅固な要塞であるアメリカが、じつは敵の決然たる攻撃の前には脆かったというぞっとするような認識が、突然よみがえったのである」(Dower 2010 = 2021: 17(上))。

しかし、ダワーも強調したように、この同一視はあくまでアメリカ人の集合的記憶と心理が生み出した錯覚である。「真珠湾」は、外交的に追い詰められていたとはいえ、東アジアに広大な領土を広げ、列強の一角を占める軍事力を誇っていた日本帝国が戦略的に考え抜いた軍事作戦だった。これに対して「9・11」は、国家や民族を越境して結びついたつかみどころのないネットワーク組織による、ほとんど「聖戦への情熱」だけによって支えられていた攻撃だった。つまり、「ビン・ラディンが漠然と思い描いていた神権的帝国や、彼の指揮のもとにあった暴力的手段は、かつて日本が持っていた領土拡張の目標や戦争遂行能力とは、ほとんど共通点がなかった」(Dower 2010 = 2021: 42(上))。両者は攻撃の狙いそのものがまるで違っていたのであり、一方で、

「日本が真珠湾を攻撃対象としたのは軍事的理由からであり、そこへの攻撃がアメリカの国民心理に与える影響については、せいぜい二次的に考慮していたにすぎなかった。逆に、テロリストの計略の主目的は、心理的に影響を与えることであった」(Dower 2010＝2021: 36(上))。日本人は、思いもかけずアメリカ人を激怒させてしまったのであり、アルカイダはまさにその激怒そのものを狙っていたのである。この意味で、山本五十六の巧妙な作戦は愚の骨頂であり、ビン・ラディンの凶暴さはそう愚策でもなかったと言えないこともない。

しかもこの「愚の骨頂」は、一九四〇年代の日米戦争での戦術的失敗という域をはるかに超えて、今後もほぼ永続的に日本の行く末に暗い影を落とし続ける。二〇二二年三月一六日、ロシア軍による一方的な侵略に果敢に抵抗を続けるウクライナ国民のリーダーとして世界的な英雄となったゼレンスキー大統領は、アメリカ議会で民主主義と平和のための連帯を訴えるオンライン演説を行った。その中で舞台上のパフォーマンスにたけた大統領は、観客たるアメリカ国民の感情を意識し、今、ウラジーミル・プーチンが自国にしていることを、一九四一年一二月七日に日本軍が真珠湾でしたことと、二〇〇一年九月一一日にオサマ・ビン・ラディンらがニューヨークなどでしたことに並べたのである。彼ははっきり「リメンバー・パールハーバー」と呼びかけ、そのような攻撃を自分たちは毎日受けていると述べた。CNNをはじめアメリカのメディアは、この彼の呼びかけのレトリックがとても効果的だったと高く評価したが、この演説を中継していたNHKなどの日本のメディアは、自国の過去がはっきり言及されたこの部分をほとんど無視した。二〇〇一年に呼びさまされた一九四一年の記憶は、今後の世界で似たような暴虐が続く限り、繰り返し思い起こされ続けるだろう。「アメリカは決して忘れない」のである。

　他方、ダワーによれば、真珠湾奇襲を決断した日本軍の眩暈を覚えるほどの「戦略的愚行」は、イラク戦争を決断したブッシュ政権にも一面で当てはまる。「戦略的愚行 strategic imbecility」というのは一九五〇年代に「真珠湾と西洋の植民地を攻撃した日本の軍閥の行動を指す」言葉であったが、「大量破壊兵器」というありもしない「事実」を捏造して開戦に突進し、しかも「緒戦のほかにきちんとした計画をもたなかったホワイトハウスと国防総省(ペンタゴン)にこの言葉が向けられるようになると、この言葉は私の耳にはほとんど余興めいて聞こえた」とダワーは語る。一九四一年一二月の東京とまったく同じように、二〇〇三年春のワシントンでは、「希望的観測が理性的分析を上回」り、「軽率な妄想と危険な無能ぶり」が我がもの顔をしていた(Dower 2010 = 2021: xx (上))。傲慢で自己中心的な夢想に囚われ、そこから抜けられなくなってしまった点において、真珠湾開戦の日本とイラク開戦のアメリカが重なるのである。

　そしてもちろん、この意味では一九四一年の日本の愚行と二〇〇三年のアメリカの愚行に、二〇二二年のロシアの愚行を重ねることも難しいことではない。だから本当は、ゼレンスキーは東条英機 = 山本五十六に、ウラジーミル・プーチンだけでなくジョージ・W・ブッシュも重ねるべきだったのだが、アメリカ議会の演説でそんなことができるはずもない。

　しかし、おそらくより深刻な類比は、中東の自爆テロリストたちと日米戦末期の特攻兵士たちの重なりである。どちらの場合も、空からの俯瞰の徹底によって圧倒的な軍事的優位に立つ超大国アメリカに対し、まともな方法ではとても敵わないことを十分に知りながら、自らの身体を爆弾に一体化させることで一矢報いようとしていた点では似ていなくもない。

そもそもアルカイダが本拠を置いたアフガニスタンは、二〇世紀初頭から今日に至るまで、世界史上で最も長く英米からの空爆を受け続けた地域であり、他方で数千人の特攻兵たちが米軍の集中砲火のなかに突っ込んでいくことを選ばされた日本は、やはり世界史上でアメリカから最も激しい空爆を受けた国の一つだった。そしてダワーは、特攻兵士もイスラム原理主義の自爆テロリストも、実際には「すでに命を捧げた仲間がいる以上、自分だけ逃げるわけにはいかない」という仲間への同胞意識や故郷や家族への「触覚的な」愛着が自死に向かう決定的なモメントだったことに目を向けている。そのような心情を動員して彼らを「殉国」や「殉教」に向かわせる狡猾な手法において、日本の軍国主義者とイスラム原理主義者の大人たちは「ほとんど変わるところがなかった」のである（Dower 2010＝2021: 99（下））。

しかし、両者にはいくつもの重大な違いもあった。まず、日本の特攻は、決して帝国主義列強によって痛めつけられてきた辺境からの絶望的な反抗ではない。それは、中国大陸をはじめアジア諸国で侵略を重ね、上空からの空爆も繰り返してきた日本の軍が、まともな戦闘を継続できる兵力も技能も失ってしまった先で、なお結末を先延ばしにするために無数の未熟練な若者たちの命を爆弾の部品のように扱った結果である。つまりそれは、軍事的帝国のなれの果てで編み出された自爆であって、「アメリカがかつて帝国主義的な行動をとったことへの報復」ではない。

他方、アメリカへの自爆テロが繰り返されるのは、まずもってそれらが「報復」と考えられているからで、しかも彼らが海上から巡航ミサイルを発射し高性能の爆撃機に乗る米軍兵士を狙うのは不可能であることを知っているからである。それはかつてチャルマーズ・ジョンソンが述べた意味での「ブローバック」なわけだが(Johnson 2000 = 2000: 25–26)、そのような特徴は、日本の特攻には当てはまらないのだ。

しかも、戦争末期の日本軍と特攻作戦とアルカイダなどの自爆テロの間には、前提とするメディアとの関係に決定的な違いがあった。開戦初期の真珠湾攻撃と同様、日本軍は特攻作戦を展開する場合にも、これがアメリカ国内のメディアでどのように報道されていくかはさほど重視していない。もちろん、兵士の戦死を前提とするその作戦がアメリカ社会に恐怖心を与えることをまったく視野に入れていないわけではないが、それが主眼ではなく、あくまで主眼は兵器も技能もない兵士たちが「爆弾」として突入していくことで生じる破壊そのものにあった。しかし、前述のように自爆テロは、それがメディアで報道されること自体を主要な目的の一つとしている。逆にいえば、数々の自爆テロの前提となっているのは、すでに地球全体に広く、深く、世界同時的な映像メディアが浸透し切った社会である。

結局のところ、戦争末期、大日本帝国の住人も兵士も、大規模な空爆実験の標的となるか、敵艦に投下される爆弾に己の体を同化させることしかできなかったのである。アジア太平洋における日本の戦争にどうにも救いがないのは、この被害と加害の両面におけるとてつもない非倫理性ゆえである。アメリカから見た場合、日本の「カミカゼ」はこれから開発される初期の「ドローン」に対置されるもので、日本人は本来メディア技術によって担われるべき機能を生身の人間にやらせてしまう驚くべき「人種」だった。しかし、そもそも「カミカゼ」は特攻兵によってではなく、メディア技術的に実現されるべき兵器なのだという認識は、ごく一部の技術者を除き、日本軍にはなかった。「特攻」は、視覚技術と送信技術、それに遠隔操作能力の問題なのだとはまるで考えられていなかったのである。むしろ日本軍は、特攻兵たちの「精神」を神秘化し、それぞれの人生に起こる悲惨から徹底して眼を背けた。ここにはやはり、単に軍事技術の差や戦争に投入できる資源の差という以上の認識論的断絶があるように思えてならない。

遠くから眺める――眼差しの帝国

つまり、本書で論じてきた航空写真からドローンに至る空爆技術の背景には、近代の歴史のなかに深く織り込まれた認識論的布置があるのではないかということだ。すでに論じてきたように、空爆は、空爆する側とされる側の間に圧倒的な力の差がある場合、空爆する側が味方の被害を最小限にとどめ、相手の民間人も巻き込みながら甚大な被害を与えていこうとする際に有効な手段である。帝国が植民地の叛乱軍を空爆する場合のように、そこに人種差別的な優越意識があるとき、攻撃はより激しいものとなる。こうした基本認識からすれば、人命が爆弾に一体化する特攻攻撃など、空爆の基本原理に反しているし、そもそも空爆行為の前提となる力関係が成立していない。空爆する眼差しは、自爆する眼差しの延長線上に発達したのではなく、むしろそれとは正反対の地点から、まったく異なる認識論的地平において発達してきたのである。

ここにおいて、かつてエドワード・サイードが、近代オリエンタリズムが立ち上がる大きな契機にナポレオンによるエジプト遠征を見ていたことが改めて重要な意味を帯びる。いうまでもなく、オリエンタリズムとは、「啓蒙主義時代以降のヨーロッパ文化が、政治的・社会学的・軍事的・イデオロギー的・科学的に、また想像力によって、オリエントを管理したり、むしろオリエントを生産することさえした場合の、その巨大な組織的規律＝訓練」の体系を指す(Said 1978＝1986: 4)。この体系は、「東洋人(オリエンタル)をば、あたかも(法廷で)裁かれるような存在として、あたかも(カリキュラムに沿って)学習され、図画として描かれるような存在として、あたかも(学校や監獄で)訓練を施されるような存在として、またあたかも(動物図鑑において)図解されるような存在として描出」してきた(Said 1978＝1986: 40–41)。

重要なのは、この体系が静的なものではなく、「我々の世界と異なっていることが一目瞭然であるような(あるいは我々の世界にかわりうる新しい)世界を理解し、場合によっては支配し、操縦し、統合しようとさえする一定の意志または目的意識」であり、そうした支配や操縦、統合などを作動させてきたことである(Said 1978＝1986: 12)。

このような近代オリエンタリズムが確立されていくのは一八世紀末で、ナポレオンが一七九八年に敢行したエジプト侵略はその大きな契機となった。サイードによれば、「ナポレオン以前のオリエンタリズムのプロジェクトすべてに共通してみられる特徴は、〔略〕前もって何かをやっておくことがほとんど不可能だった」点にある。つまり、旅行者としてであれ、侵略者としてであれ、一八世紀半ばまでのヨーロッパ人たちは実際に東洋に行ってそこで初めて「オリエント全体と直面したのであり、しばらくして、かなりの試行錯誤ののちに、はじめてそれをより小さな地域にまで削り落とすことができた」。ところがナポレオンは、エジプト侵略においてこの既存のパラダイムをひっくり返す。なぜなら「ナポレオンは、エジプトをまるごと手に入れることだけ望んだのであり、その事前準備の規模の壮大さと徹底ぶりは他に類をみないほどのものであった。もっともこの準備は、ほとんど狂信的なまでに図式的で、しかも——このように言ってみることができるとすれば——テクスチュアルなものであった」(Said 1978 = 1986: 80)。

サイードは、ナポレオンにとってエジプトが「経験的な現実を通してではなく、テクストから抽出された観念と神話との領域に属するもろもろの経験を通して、彼の頭のなかで、またのちには征服のための準備のなかで、現実性を獲得していった一個のプロジェクト」であったことを強調した。つまり彼は、「まず古典的文献(テクスト)により、ついでオリエンタリズムの専門家によってコード化された対象としてのみ、オリエントを眺めていた」。この方針を軍全体に徹底させるために、彼はエジプト遠征に向けて、多数の専門家を兵籍に編入した。さらに彼は、「エジプト協会を創設してそのメンバーにさまざまな主題についての研究を行わせ、それをいわば遠征隊の動く文書館に仕立て上げ」る(Said 1978 = 1986: 81)。そこでは「語られ、観察され、研究されたこと一切が記録されなければならず、実際それらは、『エジプト誌』という、一国が他国を集団的に大規模に専有」するテクスト群に結実した(Said 1978 = 1986: 84)。つまり、サイードが率直に要約したように、専門家たちは「生きた現実をテクストの素材に変換」したのである。

本書の観点からするならば、まさにこの延長線上において、やがてすでに論じてきた「上空からの眼差し」が浮上してくるのだ。ナポレオンのエジプト侵略が、その侵略以前に膨大なエジプトに関する知を集積し、相手を眼差し、記録し、分析する視座を発達させたように、一九世紀を通じた西欧列強による旧オスマン帝国やその周辺地域の植民地化は、これらの地域についての知的体系の構築を伴っていた。そしてやがて、新たに開発された飛行機からの眼差しは、そうした植民地を可視化し、知の体系に組み込んでいく実践をさらに徹底させる。第一次世界大戦を機にイギリス軍は、偵察機と航空写真、その写真から精密な地図を作製する技術やデータ処理の仕組みを発達させた。そしてこの眼差しのシステマティックな体制は、第二次大戦以降の日本列島や朝鮮半島、ベトナムへの空爆でも引き継がれていった。

カレン・カプランは、両世界大戦を通じて確立されていく上空からの可視化技術と空爆の結合が、一八世紀末からの植民地主義的な近代の徹底であったことに注意を促していた。二〇世紀における空爆技術の高度化は、そのような技術が平時にも安全保障や監視の基礎をなしていくことも含め、軍事的かつ植民地主義的であり続けたモダニティの主要なモメントだったのである(Kaplan 2013: 21)。この上空からの眼差しと近代的権力の結びつきは、一八世紀末からの気球の発達や近代的な地図作製技術、そして航空写真撮影とそのシステマティックな活用に実現されてきた。そしてそれは、やがて電子からデジタルへ、高度なコンピュータ技術と結びつき、はるか上空からのまるで全知全能の神のような認知能力を獲得し、データセンターからの一望監視的な眼差しのなかに地上で生じているあらゆる事象を配置していくのだ。

このような二〇世紀以降の視覚の体制は、サイードが論じたオリエンタリズムからの逸脱ではなく、その発展的な延長である。ナポレオンのエジプト侵略におけるオリエンタリズム的な眼差しがそうであったように、今日の高度なデジタル映像技術に媒介された「上空からの眼差し」は、周縁的な他者を可視化する技術であると同時に彼らを殲滅する技術でもあるのである。

この「上空からの眼差し」は、上空からでも高精細の映像を撮影するカメラ技術や、その情報を瞬時に基地に電送する通信技術、さらには遠隔からの操作技術の発達によって、つまりドローンに統合されていく諸技術によって、ますますコンピュータの認識論上の問題となっている。今や、ＡＩがオリエンタリズムにとって代わるのであり、換言するなら軍事的なＡＩはオリエンタリズム的でもあるのである。オリエンタリズムの主体が「他者＝東洋」から距離をとったものとして「自己＝西洋」を構築したように、ドローンを用いる主体は、攻撃対象からはるか離れた安全な場所から相手を識別し、一方的に爆撃をする。この自己の安全性と攻撃の確実性を両立させるために、主体はますます攻撃対象の情報を集め、それに分析を加え、相手についての像を構築していくことになる。そして、そのようにして相手の像が構築され、詳細なデータによってあたかもその像の「正しさ」が証明されると(「大量破壊兵器」「ならず者国家」等々)、攻撃する側はおのれの「純粋無垢さ」を再確認するのだ。

地下への潜伏とカモフラージュ

だが、このような「上空からの眼差し」には、実は無数の死角や盲点、ゆらぎが含まれていた。まず、空からの偵察や空爆にさらされた人々がした最初のことは、防空壕を掘って地下に逃れること、つまり、「上空からの眼差し」の視界の下方に身を隠すことだった。この活動が頂点に達するのはベトナム戦争においてで、米軍の激しい空爆にさらされた南ベトナム解放戦線の「解放区」は、「自然に寄り添う」ことによって攻撃をかわしていった。

解放戦線は、南ベトナムの自然に――大地、河川、草木に――平和時以上により強く寄り添うことが最良のやり方だと考えた。それ以外に生き延びる方法がなかった。「北爆」への対抗策が分散であったとするなら、「南爆」への対抗策は自然に寄り添うであった。大地、河川、草木に密着し、それらを徹底的に利用して日常生活を再構築することであった。

B–52の絨毯爆撃にさらされる危険のあった解放区では特にそうであったが、破壊されても損害を少額に抑え、どこでも手早く建設でき、上空からも発見されにくいように、建物をレンガではなく、ニッパ椰子や竹などの植物を利用して作った。さらに爆撃が激しくなると建造物を地下・半地下・洞窟へと移動させた。戦闘のための施設だけでなく、日常生活にとって必要な諸施設――防空壕はもちろん、学校、病院、印刷所、工場など――も地下に完備された。畜舎さえ半地下に作った。地下生活は、一時的な避難ではなく、日常生活の重要な一部となった。（吉澤 1999: 193–194）

空爆から身を隠すために人々が地下に生活の場を移し、ネットワークを張りめぐらせていったのはベトナム戦争だけではない。中東での数多くの戦争でも同様のことが生じた。比較的最近では、ロシア軍とシリア・アサド政権によるシリアの反体制勢力に対する徹底した空爆で地上の街が跡形もなく破壊されてしまったため、人々は地下に逃れ、病院もまた地下化している。そして二〇二二年、ロシア軍による突然の容赦なき空爆にさらされたウクライナの首都キーウでは、人々は地下鉄に逃れ、地下駅が巨大なシェルターと化している。

他方、人々が空爆に対抗したのは、地下に逃れることによってだけではなかった。しばしば使われてきたもう一つの方法は、カモフラージュである。この方法が盛んに行われたのは第二次世界大戦期で、ドイツ軍の空爆を避けるためにモスクワのクレムリンが塗装や木製テントで市街地と区別がつかないように偽装したり、シアトルのボーイング社の工場が住宅地であるかのように偽装したりしたことが知られている(**図4-1**)。この時代のこうした偽装の極めつけは、奇術師のジャスパー・マスケリンがイギリス軍情報局に協力して、アレクサンドリアから三マイル離れた湾に夜の明かりや建物、灯台、高射砲陣地などの模型を作って町に見せかけた例である。彼はさらにスエズ運河を隠すために、回転する円錐状の鏡で光の輪を作り、爆撃機の視界を混乱させたという。

図4-1　住宅地に偽装されたボーイング社の工場(1945年)

図4-2　ライオネル・チャールトン『雲の脅威　(*The Menace of the Clouds*)』(1937)

マスケリンは職業柄、たとえ上空から偵察されるものであれ、リアリティというのはそもそも演じられるものであり、そこには奇術=トリックが介在する余地があるということをよく知っていたのだろう。しかし、どうやらイギリス軍のカモフラージュ戦術には、マスケリンの奇才だけには還元できない背景が一九三〇年代からあったらしい。ジェームズ・ロビンソンによれば、イラクなどで航空部隊による爆撃を繰り返していたイギリス政府は、早くから「上空からの眼」が、それまでの都市や国土についての知覚形式を根底から変えてしまったことに気づいていた。もちろん戦間期に人々は、世界のどこでも航空機が可能にする上空からの視界の可能性に沸き立つのだが、しかしイギリス人の受けとめ方は、夢見がちなアメリカ人に比べてより複雑だった。つまり一部のイギリス人は、航空機を人間の文明を抹殺するかもしれない「悪魔の発明品」と見なしていたのである(Robinson 2013: 150)。

ロビンソンは、その一目瞭然の例として、ライオネル・チャールトン元准将が、第二次世界大戦直前に出版した『雲の脅威(*The Menace of the Clouds*)』(一九三七年)の表紙を掲げている(**図4-2**)。チャールトンは英国王立空軍の創設に関わり、やがて一九二〇年代、イラクの村々への空爆に公然と反対した人物である。彼は、英軍のイラク空爆に疑問を懐き、実際に空爆を受けたイラクの町の病院を訪れた。そしてそこで、イラクの女性や子どもたちが空爆によって重傷を負い、無残に殺されている現実を目の当たりにするのだ。衝撃を受けた彼は、英軍の上官たちに実際に戦地の現場を訪れるよう説得を試みるが聞き入れられず、やがて軍の職を辞して子ども向けの冒険小説作家に転身した。そうして彼は、空爆反対論者となり、一九三〇年代、いずれ起きるだろう第二次世界大戦で、今度はイギリス人が敵国の空爆で悲惨な目に遭うだろうことを予言していった。H・W・ペールが描いた彼の著書の表紙では、上空から死神の巨大な鎌が地上の町を襲う恐怖の瞬間が捉えられているが、その死神の姿こそ、地上にその影が投影されている爆撃機なのである。

ロビンソンによれば、当時、イギリス人の間には三つの点で新たに登場した航空機への怖れの感情が存在した。第一は、産業革命以来とも言えるが、新しいテクノロジーは必ずしも人間を幸せにはしないという経験的感情に由来する。天空を飛ぶ不遜なテクノロジーは、その能力の過剰さから巨大な破壊を発生させるかもしれないという怖れが、すでに初期から存在した。第二に、航空機が広大な空を行き交うようになれば、そこに新たな地政学的紛争が生じる可能性がある。地上戦の時代であれば、戦時下にあっても人々は要塞や防壁、様々な防御手段によって守られることができた。ところが航空機は、そのような防御方法を無効化して、いきなり市民を敵の攻撃の前線にさらしてしまうのである。第三に、航空機による空爆の恐怖は、すでに戦間期から多くのSF小説や映画の題材となっており、そうした大衆的テクストが、「上空からの眼差し」に対する人々の恐怖をさらに増幅させていた。

だから当然、すでに戦間期から、将来の空爆に対していかなる防御手段があるのかが議論されていた。その防御策の一つとして、一九三〇年代から「土木偽装(civil camouflage)」と呼ばれる考え方や仕組みが発達していく(「civil camouflage」は「市民的偽装」と訳せなくもないが、「civil engineering」が「土木工学」であるのに倣い、ここでは「土木偽装」と訳す)。その前提として一九三五年、イギリス内務省は、将来の空爆に備えて「空爆警戒(Air Raid Precautions)」と呼ばれる仕組みを発足させた。そしてこの防空作戦の中でも、多数の産業施設を守る主要な方法として「土木偽装」を位置づけ、三六年には帝国防衛委員会の下に偽装部会を立ち上げている。さらに三七年、王立航空機構(Royal Aircraft Establishment)にも偽装部門が設置された。偽装は、これからの防空体制の正式の作戦と位置づけられていたのである。第二次大戦時、イギリス軍は気まぐれで奇術師マスケリンを雇ったわけではなかったのだ。

ここで偽装工作のスタッフは、空軍との緊密な協力体制を築いていった。彼らは土木偽装があくまで上空の爆撃機からの視線の攪乱に集中するようにし、地上からの視線は考えないこととした。そして、いかなる高度や視角からの視線に効果的な偽装をすべきかについて、空軍からデータを集め、軍の経験あるパイロットたちと話し合うことからプランを練った(Robinson 2013: 154)。重要なのは、たとえ同じ場所でも、機上の爆撃手からの地上の風景は、地上にいる人々がその周囲に見ている風景とまるで異なることだった。地上からではほとんど気づかない場所が、上空からだととても目立つことがあるし、逆に地上で目立つランドマークが、空からではまるで目立たないこともある。上空からの風景では、地上の色の違いやテクスチュア、影の有無や形態、そして道路や鉄道、水面がしばしば決定的な役割を果たしたが、それらは日常の風景ではまるで気に留まることのないものだった。

こうした上空からの眼差しに対し、地上の建物を守るために彼らが採用したのは、「擬態(imitation)」と「攪乱(disruption)」という二つの戦術だった。一方で「擬態」は、対象物にその周囲と同じ色調や模様をペンキで塗り、建物全体をあたかも周囲に溶け込ませてしまう方法だった。

図4-3　ダズル迷彩を施した戦艦

他方で「攪乱」は、第一次世界大戦の頃からイギリス海軍が艦船のカモフラージュに使っていたダズル迷彩で建物全体を覆ってしまう方法だった。ダズル迷彩はいわばだまし絵のようなもので、対照色で塗装された複雑な幾何学模様を対象物の表面に施した(図4-3)。この模様は光学レンズの特徴を巧みに逆用し、攻撃者が自分と標的の距離を測定できなくなってしまうように仕組まれていた。すでに海上で艦船を守るために使われていた偽装技術を、空からの眼を攪乱するために応用したのだ。

これらの戦術は、実際に大型施設で有効性を実験してみる必要があった。一九三六年、発足間もない偽装部会は、政府の防空担当部門に、イギリス国内で敵からの空爆対象になり得る施設のリストを提出するよう求めた。彼らからすれば、それらの施設に偽装を施し、その効果的を実験してみることが喫緊の課題と考えられたのだ。やがて政府から提出されたリストには、自動車工場や航空機工場、製鉄所の高炉、ガスタンク、発電所、鉄道施設などが含まれていた。その後、最初の実験をどの施設から始めるべきかの議論が重ねられ、結局、石油タンクが選ばれる。石油タンクはしかし、その巨大さゆえにかなり目立ち、しかも昼間には大きな影を生じさせるから、偽装が容易な施設ではなかった。しかも、石油タンクの多くは河口にあり、周囲が川や海であることが多く、タンク群の識別は容易だった。

この実験はあまりに挑戦的との懐疑が投げかけられたが、偽装部会はサウスハンプトンの近くのハンブルという町にあった石油タンクで偽装実験を実施する。その石油タンクは四通りの異なるパターンで塗装され、上空から見たときにどれだけ周囲に溶け込んで見えるかが検討されたのだ。ロビンソンは、その実験結果の報告書を検討しているが、概して結果はあまり捗々しいものではなかったらしい(Robinson 2013: 158–160)。実際には、そうこうしているうちに実際に第二次世界大戦が始まり、イギリスはナチスの激しい空爆を受けることになったから、実験どころではなくなってしまったのが実情だろう。

実は、空爆を予期した地上建物のカモフラージュは、戦時下の日本でも盛んに研究されていた。これを先導していたのは当時の東京帝国大学の建築系で、その中心は、現在も使われる東京大学の銀杏マークの発案者でもある星野昌一だった。（東大の銀杏マークの特徴は、青と黄のコントラストにある。これは星野が戦後に専門とする建築意匠の色彩工学に基づくもので、もともと戦時下の偽装戦術とも無関係ではなさそうだ。）当時、星野は第二工学部（戦後、東京大学生産技術研究所に改組）の建築学教授で防空偽装を専門としていた。彼の著作である『防空と偽装』は、戦争末期に日本で摸索されていた様々な偽装戦術を網羅していた。

図 4-4　標的となる可能性のある工場の偽装前（上図）と偽装後（星野 1944）

たとえば星野は、カモフラージュは爆撃の標的となりそうな施設を周囲の風景に紛れさせるだけでなく、敵機が地上の対象の位置を確認する際に目印となりそうなものを見えなくすることも含むという（**図 4-4**）。またそれは、空爆方法が標的の種類によって異なることを利用し、焼夷弾攻撃の被害が比較的小さい造船や製鉄の施設を、逆に大きな被害を受ける化学工場や住宅地に見せかけることも含んでいた。さらに、施設が大きすぎて秘匿自体が困難な場合には、少し離れたところに類似の構造物を仮設し、相手の誤認を誘うことも提案されている(星野 1944: 30–31)。

こうした際に重要なのは、「上空からの見え方の特性をつかんで、或る條件に對し、丁度それと誤認する様な程度の認識度を持つた僞施設をなす」ことである(星野 1944: 31)。星野は、第一次世界大戦の際にパリ市街を丸ごと隠すために、セーヌ川がパリ市内と同じような屈曲をしている場所にもう一つ、偽のパリ市街を建設する計画があったことに触れ、「前大戰にはじめて飛行機が實戰的に問題にされる様になつてから、從來地上戰に對して考へられてゐた僞裝の觀念を、上空の飛行機に對しても應用しなくてはならないことが論じられ、主として前線に對する戰略僞裝に關するものは相當研究された」という(星野 1944: 32)。偽パリ市街建設計画にあるように、パラレルワールドを人工的に作り、そちらを破壊させて本物を生き延びさせようという、はなはだSF的な想像力が、空爆の発展に並走してきたわけである。

星野は諸々の計算と実験を重ねつつ、カモフラージュの技術を「迷彩」「遮蔽」「植樹」「擬態」「埋設」「僞工事」の六類型に分けている。これらのうち、たとえば「迷彩」は、既設の建物を塗装で偽装する技術だが、これにも「単色迷彩」から「分割迷彩」「技巧迷彩」などまで様々な方法があった。それぞれの施設の規模、用途、形態などに応じ、どの偽装方法が最も適切かは異なる。星野は施設のタイプとそれに合った偽装法に関する対応表や迷彩偽装でどの色の組み合わせが効果的か、細かい指針を示していた。その上で、たとえば「淨水場、濠、運河等水面が特に目標となつて爆撃を受け、或は爆撃の補助目標となる處ある場合」は水面偽装の必要が生じると指摘し、その方法は「池幅大なる沈澱地等では丸太等の支柱を建てロープを通して偽装網を展張する」のが良いと書いていた(星野 1944: 130–131)。

戦争末期、まるでこの指示に実際に従うかのように、たとえば東京の淀橋浄水場では、水面に偽装網が張られ、網目には木くずやシュロの葉などを張りつけて、そこが田舎の水田であるかのように見せかけられていたのである(東京都水道局編 1966)。戦争末期の日本で偽装工作がなされていったのは淀橋浄水場だけでなく、他にも多くの空爆の恐れのある施設に同様の工作が試みられていたはずである。だが、最終的にそれらの努力は無駄だった。なぜならば、すでに第1章で述べたように、この時期の米軍の空爆は文字通りの無差別爆撃となり、カモフラージュをしても空爆から逃れられるわけではまったくなくなっていたからだ。

以上で重要なのは、地下への逃走であれ施設の偽装であれ、空爆に対する様々な防衛的なふるまいが、空爆時代の初期から試みられていたことである。両世界大戦期を通じて「上空からの眼差し」は、航空写真の撮影と分析の技術の高度化を通じてより精緻なものになっていた。しかし、そのような精緻化に対し、「地上の眼差し」が何もしなかったわけではない。空爆の恐怖にさらされ始めた人々は、あるいは地下に潜り、あるいはカメレオンのように周りの風景に溶け込むことで「上空からの眼差し」を欺こうとしていた。〈出来事〉としての空爆は、「上空からの眼差し」が徹底して地上の存在を可視化し、撮影し、計測し、さらにそれらを殺傷していく視覚—軍事的実践だっただけでなく、そのような上からの眼差しの下で地上の存在者たちが、身を隠したり、奇妙な存在に化けたりしながら、その眼差しを裏切り、思わぬところで反撃を試みる不均衡だけれどもなお相互的な、つまりは演技的な瞬間だった。だから私たちが本書の最後に考えていくべきは、そうした空爆の演技性、あえて言うなら空爆のドラマトゥルギーに他ならない。

空爆する眼　見ることの権利

本書で何度か参照してきたカレル・カプランによれば、第一次世界大戦の頃から英軍は、とりわけイラクやその周辺地域の植民地化のために、広大な砂漠の世界を可視化し、計測する諸技術を発達させてきた。地図とマニュアル、それに「パケット(小包)」と呼ばれる一群の航空写真をまとめる処理の仕組みが、早くから発達していたのである。そもそも砂漠を自在に旅するベドウィン兵は、地上の英兵や彼らに動員されたインド兵たちには恐怖の対象だった。ベドウィンは砂嵐の中から忽然と現れる得体の知れない連中で、しかも砂漠はしばしば蜃気楼を生じさせ、進軍する英軍の方向感覚を失わせがちだった。つまり砂漠は、その自然自体の中に一種のカモフラージュ術を備えていたのである。だから英軍にとって、上空からの偵察と空爆は、こうした地上の幻惑的な恐怖から彼らを解放してくれる有益な方法と思われた(Kaplan 2013: 157–160)。

しかし、実は話はそれほど単純でもなかったようだ。まず、第一次大戦の時点でも、中東地域での軍事用地図の製作で、基本となる尺度の標準化ができていなかった。それぞれの戦場でばらばらに地図が製作されていたので、それら全体を跨いで航空写真と照合していくことが容易ではなかった。さらに、そうした尺度の標準化が徐々に進んでも、二〇世紀初頭の段階での中東地域の地理的な情報は、ヨーロッパの諸地域で知られていた地理情報の密度に比べるとはるかに疎だった。そもそもの地図があまり精密ではないので、航空写真を精密に位置づけることも十分にはできなかった(Kaplan 2013: 161–165)。ナポレオンのエジプト侵攻からすでに一世紀以上を経ていたにもかかわらず、イギリス軍が実際には精密な中東全域の精密地図すら作れていなかったことは、前述のオリエンタリズムの眼差しの不徹底を示しているようにも見える。しかし、それは不徹底ではあっても、眼差しの不在・不能では決してなかった。

実際、諸々の軍事上の難点を改善すべく、様々な補助手段が発達していく。たとえば、撮影された偵察写真は一二インチ角に揃えられて撮影時順にナンバリングされ、パケットごとにまとめられた。軍の写真部門では、それらの写真情報から手書きで敵地の地図が迅速に製作された。こうした仕組みにより、撮影された最新の航空写真情報が空爆機に利用可能なものになっていったらしい。また、上空を飛ぶ空爆機が地上に見える事物を特定するのを補助するためのマニュアルも発達する。さらに、合成された航空写真には様々な注記が書き込まれ、パイロットが眼下に見える風景を識別するのを助けていた(図4–5)。本書の第1章で検討した米軍偵察機が撮影した航空写真についての高度な画像処理の手続きは、このような第一次大戦の頃から英軍などで発達した仕組みの延長線上にあるものだったと言えよう。カプランは、こうして英空軍が中東地域で発達させた仕組みを検討し、イラクがいかに長期にわたり徹底して英米の偵察＝空爆の眼差しの対象になってきたかを論じている(Kaplan 2013: 161–174)。こうしてみると、二〇〇〇年代に生じた米軍によるイラク空爆が、一九四五年に日本上空で行われた空爆の延長線上の出来事であるのみならず、その一九四五年の日本空爆そのものが、第一次大戦の頃からのイラク空爆の延長線

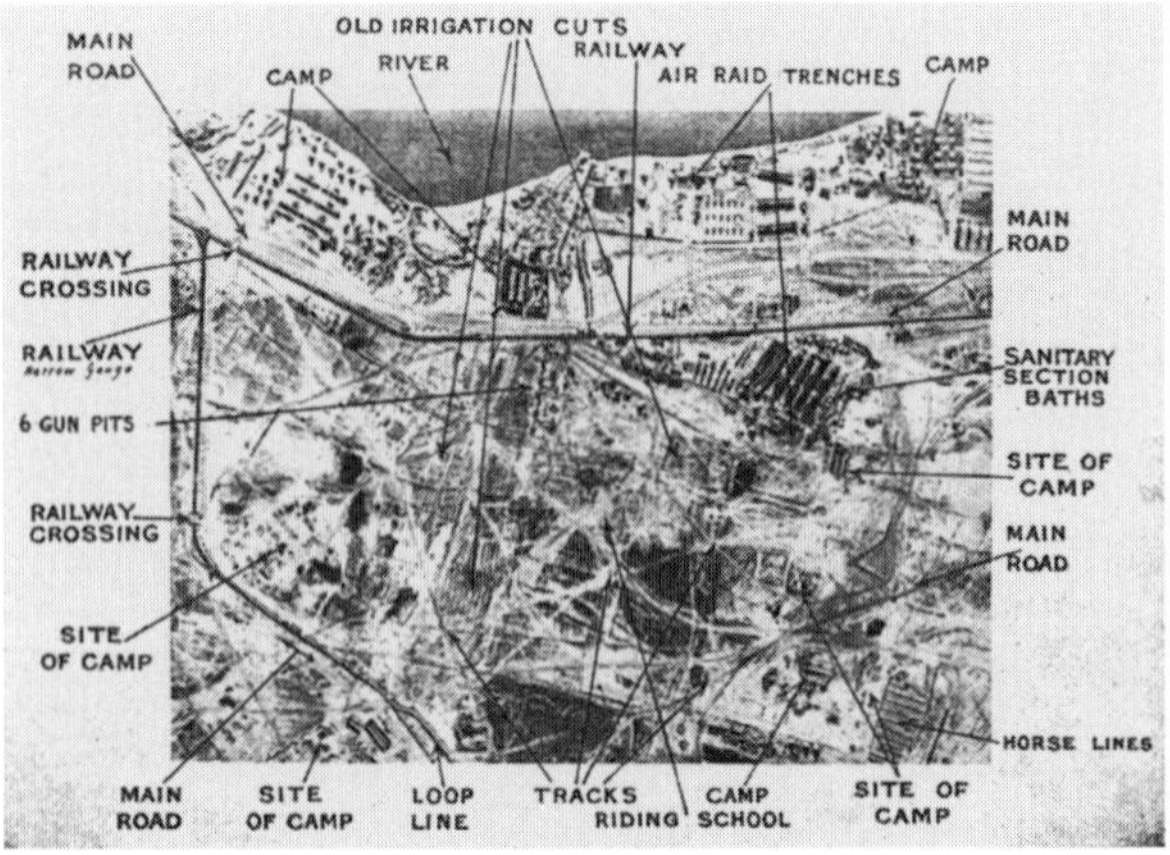

図4–5　サッマーラー(イラク)の注記入り写真(Kaplan 2018: figure 4. 11)

上にもあったとも言えそうである。

このような〈眼＝銃〉の仕組みの長い近現代の歴史の中での発達は、常に認知的であると同時に軍事的なものだった。ニコラス・ミルゾーフによれば、可視性は、認知的、社会的、価値的という三つの様相から成っている。すなわち、それはまず対象に名前を与え、分類して認知可能なものとする。次にそれは、対象にいくつかの区別を加え、分節化する。最後にそれは、このように命名され、分類された対象に審美的な価値すら与えていく。ところがこの可視性には、常に転覆的な契機としての反可視性(countervisuality)が孕まれている。

ミルゾーフは、この可視性／反可視性の体制が、①プランテーション期、②帝国主義期、③軍産複合体期の三段階を経てきたとする。プランテーション期に発達するのは奴隷に対する監視者の可視化で、植民地の人々を分類するこの体制は、大西洋の奴隷貿易を通じて米大陸のプランテーションが収益を上げていくのに役立った。一九世紀にそうした露骨な奴隷制が徐々に消えた後も、欧米列強は植民地主義の眼差しを維持した。その眼差しの特徴は、社会進化論的なイデオロギーに基づく階層秩序に他者を位置づけることだった。この眼差しは一九世紀後半に全盛期を迎え、文化的諸表象を貫いていく。最後に両世界大戦期以降、軍産複合体制期には、偵察機や人工衛星、電子的なネットワークを通じた監視が支配的となる(Mirzoeff 2011: 5–22)。

こうした眼差しの体制の歴史的展開に対し、反可視性は、そこに何が見え、誰がそうした眼差す能力を持つのかをめぐり不和を発生させ、抗争する。そうした不和は、近代化を通じて地球上の至るところで起こっていたし、それらの同時多発的な不和には連帯の可能性すらあった。

たとえばフランツ・ファノンの例を考えてみよう。彼は、独立戦争で宗主国フランスの軍隊に銃殺されたベトナム人少年の誇り高さを「アジア人的態度」に帰すことに断固反対した。彼らが死を受け入れるのは、過去から引き継いだ文化的資質によるのではまったくなく、徹底して「現在と未来の名において」なのである(Fanon 1951＝1998: 245)。同じように、「ほら、ニグロ！」と執拗に名指されることで、ゆっくりと構築されてきた自我が粉々になったファノン自身、そのように眼差される自分に「慣れてしまう」ことを「全存在を賭してこの切断を拒否」する(Fanon 1951＝1998: 165)。それは彼が、黒人のルーツとのつながりを回復させようとするからではない。「白人／黒人」の二項対立自体が近代的発明品であるからだ。ファノンは、自分が「これとかそれとかである義務を持たない」、つまり「私を私自身に投げ返す私の自由がある」ことを決然と主張していた(Fanon 1951＝1998: 247)。

だからファノンは、「白人が私の人間性を否認するなら、私は白人に、私の人間としての重みのすべてを彼の生にのしかからせて、この私は彼がかたくなに信じ続けているような「おいしいバナニア（粉末バナナとカカオの入った飲料）あるよ」ではないことを見せてやるつもりだ」と語った（Fanon 1951＝1998: 247）。人間として、眼差しに不和を示すこと――ミルゾーフによれば、見ることの権利は、単に相手が見えることではなく、その相手の眼差しに目を向けて友情や連帯、愛を表明することを含む。眼差しは相互的なものであり、何かによって代理されるものではなく、政治的主体としての自律性を必要とする。一九世紀までの監視や表象の体制から今日の偵察機や衛星、ドローンによるメディア化された体制まで、眼差しの体制にはいくつもの死角があり、虚焦点がある。そこに目を凝らして見えないものを見ることは政治的な実践である。

結局のところ、眼差しの抗争とは、〈意味〉をめぐる抗争という以上に〈存在すること〉をめぐる抗争である。〈見ること〉と〈見られること〉は必ずしも対応しない。両者の間にはいくつもの亀裂があり、不和がある。フーコーが定式化した一望監視型の可視性は、そのような不均衡が極限的に拡大された形式だが、それは一つの形式に過ぎない。実際には〈見られること〉は〈見ること〉に対応しているとは限らず、錯綜し、交差する眼差しの関係にはいくつものすれ違いや思わぬ遭遇があり、〈存在すること〉はそうしたずれや偶然を伴っている。そのようなずれや偶然のなかに、今日の地政学的課題の隠された次元がある。プランテーション的可視性であれ、帝国主義的可視性であれ、またその発展型としての上空からの軍産複合体的可視性であれ、近代における可視性のグローバル支配は決して自らを完成させることができない。

再び、路上の死体は語ることができるか？

このような存在証明的な次元から、改めて「上空からの眼差し」に捕えられることからすばやく逃れ、身を隠し、偽装を重ね、それを見返し、地下に根を張り、時にはほとんど強制されてそうした眼差しの虚焦点に自爆攻撃を仕掛けてきた存在について考え直してみたい。

本書を通じて私たちは、第一次世界大戦前後からのイタリア軍やイギリス軍による植民地空爆、その基本原理となったドゥーエ・テーゼがどのように米軍空爆の体制に受け継がれたかを確認し、またその米軍の空爆が、一九四四年から四五年にかけての日本列島から五〇年代初頭の朝鮮半島、六〇年代のインドシナ半島までいかに連続的に遂行されていったかを確認した。たしかにベトナム戦争での挫折を経ての屈折があるものの、二〇世紀初頭から二一世紀初頭までの一世紀余りを通じ、偵察＝空爆する眼差しの発展史は、一貫した論理に貫かれている。

他方、この空爆の周囲に浮上していった様々な「地上の眼差し」には、一貫性はない。ミシェル・ド・セルトーの言葉に戻るなら、それらは「やりかたの技法」である。セルトーは、この「やりかたの技法」が、彼のいう「戦略」に対置される「戦術」に属すると述べていた。一方で、彼が「戦略」と呼ぶのは、「ある意志と権力の主体〔略〕が、周囲から独立してはじめて可能になる力関係の計算」である。それは「視（ヴュ）ることによって場所を制御する」。戦略的に「投げかける視線は、自分と異質（エトランジェ）な諸力を観察し、測定し、コントロールし、したがって自分の視界のなかに「おさめ」うる対象に変える」(Certeau 1980＝1987: 100–101)。これに対して「戦術」は、「なにか自分に固有のものがあるわけでもなく、したがって相手の全体を見おさめ、自分と区別できるような境界線があるわけでもないのに、計算をはかること」である。だから戦術は、「その非-場所的な性格ゆえに、時間に依存し、なにかうまいものがあれば「すかさず拾おう」と、たえず機会をうかがっている」。その結果、「このうえない「強者」を相手に「弱者」が成功をおさめるのもそうならば、うまい手をつかうのも、離れ業をやってのけるのも、「狩猟家」が罠をはるのも、臨機応変のかけひきも、変幻自在な擬態もそう」である(Certeau 1980 = 1987: 26–27)。

セルトーは、こうした「戦略」と「戦術」の区分を戦場のメタファーで論じていた。彼によれば、戦術的な動きはいつも「「敵の視界内での」動きであり、敵によって管理されている空間内での動き」である。だから戦術を駆使する者は、「くっきりと対象化して見ることのできる明確な空間のなかで敵の全貌をつかむこともできない」のだが、「なにかの情況が隙をあたえてくれたら、ここぞとばかり、すかさず利用する」。セルトーはクラウゼヴィッツの『戦争論』を引用しつつ、戦場においては「勢力が大きくなればなるほど、その一部を動員して敵の目をあざむく効果をうむのは難しくなってくる」こと、他方で「戦力が小さければ小さいほど、それだけ戦略は奇略を弄しやすくなる」ことを指摘していた(Certeau 1980 = 1987: 102–103)。

したがって、「戦術」にとって重要なのは、統一され一貫性を持った論理ではない。そうではなく、その社会の底に横たわる集合的な記憶に基づいて臨機応変に姿を変える日常的実践の想像力なのだ。すでに私たちは、ベトナム戦争の最中にあって、南北ベトナムの人々が、どれほどこうした「戦術」を駆使して激しい米軍空爆を潜り抜けたかを確認した。また現在、本書執筆時点においてなお進行中のロシアによるウクライナ侵略では、プーチンが強行したのは「戦略」であり、これに対してゼレンスキーが駆使して戦況を変化させたのは「戦術」である。

そしてセルトーにおいては、暗黙裡に、この「戦略」と「戦術」の対照が、「上空から俯瞰する眼差し」と「地上で蠢く群衆的身体」の対照に重ねられていた。だからベトナム空爆とは異なり日本空爆では、空爆を受けた社会において、ベトナム社会が発揮したようなしなやかな戦術的想像力はほぼ失われていたのであり、人々はただ逃げまどい、焼き殺されていくことになった。天皇制国家による国民の軍事的規律訓練化はかくまでも徹底したもので、戦争末期に至るまで、それどころか「終戦」の玉音放送の瞬間においてすら、人々の想像力がその呪縛から解き放たれることはなかった。そして、米軍による日米戦末期の空爆は、とてつもなく苛烈なもので、わずか半年以内に起きた東京空爆と沖縄戦、広島と長崎への原爆投下を合わせれば、人類史的にもかつてない規模の空爆による無差別大量殺戮となった。要するに、これほどまでに極限的な状況では、人々が苦境を潜り抜ける戦術を組み立てることすら不可能だったとも言える。

ただ、その日本ですら、戦争末期に経験した壮絶な空爆体験を、戦後になると多くの人が戦術的に語り出す。戦後日本の大衆文化史を通じ、戦争末期の空爆経験を最も影響力ある仕方で形象化したのは、もちろん一九五四年に封切られた映画『ゴジラ』である。詳細な説明は省くが、ゴジラが米軍空爆のメタファーであることは明白である。

この映画でとりわけ印象的なのは、核エネルギーの凄まじい威力を帯びた巨大なゴジラが東京都心を襲い、有楽町や銀座からラジオ塔、国会議事堂までを次々と踏みつぶし、あの三月一〇日の東京空爆後の風景を再現したかのように東京を廃墟にして去っていった場面であろう。『ゴジラ』が描いたのは、明らかに一九四五年の廃墟と化した東京だった。しかし、ここで重要なのは、暗に反米的ですらある記憶の政治を内包したこの映画が、「ゴジラ」という稀有なイメージの力を借りて、圧倒的な数の日本人に受け入れられた戦術的な成功である。人々にまだ広く反米感情が潜在していた当時ですら、もしも米軍による日本空爆を正面から糾弾する映画だったら、これほどの大衆的浸透は不可能だった。「ゴジラ」は曖昧だけれども強い隠喩である。この隠喩の力により、映画は戦後日本人の心の壁にわずかに開いていた隙を突いた。

しかも、ゴジラは単に米軍空爆の隠喩というだけではなかった。それがこの映画が圧倒的な大衆的影響力を長期にわたり継続させた理由であると、かつて加藤典洋は指摘した。加藤によれば、「ゴジラ」において根本的なのは、当時の日本人にとって「戦争の死者の多義性を、このゴジラという怪獣が、このうえなく見事に体現している」ことである。とりわけ見過ごせないのは、「ゴジラが亡霊であること、ゴジラが第二次世界大戦の日本における戦争の死者、より具体的には戦場に行ってそこで死んだ死者たちの相同物(体現物)にあたっている」ことだった(加藤 2010: 148–149)。つまり、加藤の論に従うなら、「核放射能によって異常成長をとげたゴジラは、こうして、かつては日本の国家の自存自衛と東洋の白人支配の打倒のための戦争に散った死者であり、かつまた、アジア諸国を蹂躙し二千万の死者をもたらした侵略戦争の先兵であり、いまとなっては意味づけようのない否定されるべき戦争への加担者という、戦争の死者それ自体の多義性だけでなく、東京大空襲の米軍でもあり、アジア空爆の日本軍であり、かつまた原水爆の落とし子であると同時に原水爆そのものでもあるという、戦後日本全体の核心部をなす構造的な多義性を帯び」ていた(加藤 2010: 157)。このように、「ゴジラ」の形象には、日本人の加害と被害、無数の死という戦争体験の総体が重層決定されていたのである。

戦後日本が語り直していった日本空爆のおぞましき経験の表象という点で、一九五四年の映画『ゴジラ』の記念碑的な重要性は疑いようもないが、その一方で、そのような語りが『ゴジラ』で終わったとは考えるべきではない。むしろ、東京空爆から広島・長崎の原爆投下までの一九四五年の日本列島で生じた無差別大量殺戮が、アメリカによるきわめて意図的で計算し尽くされた作戦の実現であったことをあからさまに糾弾することを避けてきた戦後日本社会は、その屈折した記憶の政治を、数々の大衆文化作品に創造的に昇華させていったのだ。つまり戦後日本において、戦争末期に路上で殺されていった人々の亡霊は、大衆文化やサブカルチャーの世界のなかで語り続けたのである。逆に言えば、『ゴジラ』をはじめとする初期の怪獣映画も、水木しげるから大友克洋までのマンガ・アニメも、戦後日本の自己破壊的な文化想像力を支えてきたのは、かなりの程度まで戦争末期の空爆や無意味に引き延ばされた戦闘や爆撃のなかで死んでいった人々の亡霊であったと言えなくもないのである。

たとえばゴジラ級とも言える破壊のエネルギーを、外部から襲来するモンスターによるのではなく、内部に溜めこまれた超能力的パワーとして描いた一九八〇年代の傑作は大友克洋の『AKIRA』だった。大友のこの作品では、未来の東京に戦中から戦後にかけての東京が重ねられ、一九四五年に起きた都市の空爆や核エネルギーによる破壊が、未来のネオ東京で起こる内発的な破壊のイメージとして描かれていた。しかも大友は、この破壊的な物語の主人公の「アキラ＝28

号」を横山光輝の「鉄人28号」と重ねたのだが、そもそもその「鉄人28号」の「28」は、日本の都市を悉く破壊した「B29」の「29」から来ていた。東京の実に細密な描写や時間軸の立て方に大きな特徴があるものの、一九四五年の東京の破壊というイメージが根底にある点では、『AKIRA』ははっきりと『ゴジラ』の眼差しを引き継いでいる。

そしてこのような東京の壊滅的な破壊のイメージは、一九九〇年代以降も、たとえば庵野秀明の『新世紀エヴァンゲリオン』で、地球大の巨大な破壊後にほぼ地下に建設される第二、第三の「新東京市」のイメージから、同氏の二〇一六年の『シン・ゴジラ』まで引き継がれていった。つまり、セルトーが論じた戦術的想像力の系譜として捉え返すならば、一九五〇年代から六〇年代にかけての怪獣映画も、一九八〇年代以降のSFマンガやアニメも、東京空爆の劫火の中で彷徨い始めた亡霊たちの語りの現前という面を含んでいたのである。

これらの点についてのさらなる議論は別の機会に譲りたいが、とてつもなく重要なのは、こうした数多の亡霊たちによるポスト戦争期の演技を、決して日本だけの問題とするべきではないことである。おそらく同じような亡霊たちの彷徨が、朝鮮戦争後の朝鮮半島にも、ベトナム戦争後のインドシナ半島にもあったはずなのだ。アジア全域で、二〇世紀を通じて増殖していったはずの戦場の亡霊たちは、それぞれの戦後世界でいかにふるまってきたのだろうか？ここまで来ると完全に本書の射程を超えるが、おそらく私たちは、本書でした日本空爆から朝鮮空爆へ、そしてベトナム空爆へという空爆史の連続性を、それらの戦地でその後に生じていったはずの亡霊たちのふるまいの共有性の歴史により戦術的に反転させていく必要がある。

結局のところ、「上空からの眼差し」と、その眼差しから逃れ、その前で偽装し、時にはそれを見返すことの間の命がけの弁証法に最終的な答えはない。それでも二〇二二年の春、私がこの文章を書いているまさにその瞬間にも、上空を飛行するロシア軍の爆撃機からの残忍な空爆を、取り残されたウクライナの人々は地下に潜って退避し、それぞれのスマートフォンで撮影した都市の惨状や散乱する路上の死体の映像を全世界に発信し続けている。「上空からの眼差し」に対抗する最大の武器が、今日ではとりわけインターネットを介したメディア的眼差しにあることを、彼らは日々、証明し続けているのだ。ある意味で、これは第二次大戦末期の東京空爆で、やはり路上に散乱する死体を撮影し続けた石川光陽ら写真家の実践の延長線上にも位置づく行為である。「地上の眼差し」は、写真からテレビ映像、そしてインターネット動画へと、数々の越境的なメディア実践によって強化されてもきたのである。しかしながら、ここには位相の転位もある。ウクライナでロシアからの空爆に抗する人々の眼差しは、もはや地上だけに止まってはいない。アメリカの企業家から提供された衛星通信網も使いながら、彼らの眼差しは上空にも飛翔し、戦場を俯瞰し、自国が受けた暴虐をリアルタイムで世界に共有している。つまり、一九四五年には、空爆を受けた人々の眼差しは瓦礫の散乱する路上に止まらざるを得なかったのだが、二〇二二年には、空爆を受ける眼差しが、空爆をする眼差し以上に上空に飛翔し、遍在し、グローバル化しているのである。私たちは本書の最後で、この問題を考えていかなければならない。

終章　プーチンの戦争
――モバイル時代と帝国の亡者

コソヴォのための、いわゆる人道的戦争という新機軸は、多くの「弱小国」を動揺させ、いずれ「強国」の標的とされるのではないかという危惧を強めさせたにすぎない。
　これが実情だとなると、コソヴォ難民の人道的破局を防ぐとされた空爆――もっぱら悲劇を加速しただけだったが――の示した反生産的性格は、別の極めて長期的な反生産性によって一段と強化されるはずだ。〔略〕大量破壊兵器を用いた攻撃に常に備えながらも、宇宙空間から誘導される高精度兵器など配備しえないような諸国において、核・化学・細菌兵器の拡散という脅威が増大・再燃しているからである。〔略〕
　イタリア人ジュリオ・ドウエを嚆矢として、航空力（エアパワー）の理論は、海洋力（シーパワー）のそれの延長線上に構想された。天空の戦いに勝利すること、このマリネッティ流の未来派的ヴィジョンは、やがて、王立空軍の創設者トレンチャード将軍に受け継がれた。彼は、中近東の英国植民地において、反乱部族に対する大規模な空襲を実行する……。〔略〕第二次世界大戦中、ドイツ空軍の対英電撃戦や、ドイツ本土への戦略空爆はあったものの、空軍は地上部隊の支援なしに戦争に勝利しうるというドウエ理論が凱歌を奏でるには、ヒロシマを待たねばならなかった。わずか一機の爆撃機B29とわずか一個の原子爆弾が太平洋戦争に決着をつけたのである。

（ポール・ヴィリリオ『幻滅への戦略』）

プーチンの戦争　帝国への妄執

二〇二二年二月二四日、虎視眈々と機会を狙い、準備を整えてきたロシア大統領ウラジーミル・プーチンによって始められたウクライナへの一方的な軍事侵略は、全世界に衝撃を走らせると同時に、その後の予想外の展開によって、戦争のあり方が今や決定的に変わりつつあることを同じ世界の人々に、また侵攻した当のロシア軍にも思い知らせることとなった。戦争はまだ、現時点(二〇二三年五月)も進行中だが、首都キーウ周辺でロシア軍がした数々の残虐行為もあからさまになりつつある。さらにロシア軍は、避難を急ぐ人々が集まる駅や病院、幼稚園、民間のアパートにも無差別にロケット弾を撃ち込んでおり、多数の民間人死傷者が出続けている。

二一世紀にもなって、これほどあからさまな「暴虐」が堂々と超大国により強行されると予想していた人は少なかった。しかも「暴虐」は、統率の乱れによるというよりも、組織的に実行されている兆候がある。一連の攻撃について、ある元英軍将校は「ウクライナの人々に、歯向かえば民間人にも軍人にも死傷者が出ると示すのが、ロシアの思惑だ」と語る(『ニューズウィーク日本版』二〇二二年三月一五日)。ロシアは今、対内的にも対外的にも恐怖政治が支配している。

戦況そのものに関しては、世界のほとんどの国のメディアが連日詳しく報道してきたのでここで深く立ち入る必要はない。しかし、プーチンが無表情に進めるウクライナでの「暴虐」が、彼がチェチェンやシリアで重ねてきたことの再演であることは改めて確認しておきたい。とりわけ、チェチェンへの軍事侵攻は今回の出来事の原型となる。

もともとチェチェンはオスマン帝国とロシア帝国の境界地域にいたイスラム系少数民族の居住地である。オスマン帝国が崩壊するなかでロシア帝国に組み込まれ、ソ連時代はスターリンによって強制移住をさせられて十数万人が死亡した。ソ連崩壊のなかで独立を目指すも、エリツィンに阻止され（第一次チェチェン紛争）、プーチンによって徹底的に制圧された（第二次チェチェン紛争）。プーチンが首相になった直後の一九九九年、モスクワで連続爆破テロがあり、テロへの怒りの世論を受け、プーチンはテロの背後にチェチェン独立派の大統領がいると主張して軍事侵攻を開始した。（プーチンによる自作自演が疑われている。）ロシア軍は首都グロズヌイなどがほぼ廃墟となるまで無差別爆撃を重ねた。この戦争ではロシア軍による拷問、強姦、略奪などの戦争犯罪があったと見られ、推計約二万五〇〇〇人の民間人の殺害が疑われている。当然、国際的に問題になったが、その後、米国同時多発テロが生じ、アメリカはロシアによる人権侵害の追及よりもアフガニスタンやイラクへの報復に夢中になっていった。チェチェンは親プーチン強硬派が支配するところとなり、彼らの配下の者たちがプーチン反対派の暗殺に暗躍していく。

他方、ウクライナもまたロシア＝ソビエト帝国のなかで属領的な扱いを受けてきた。古代、ここを本拠地としていたゴート族は、東から襲来したフン族の圧力を受けて西南に逃れ、それがローマ帝国崩壊の引き金となった。中世にはここにキーウ大公国が栄え、東ローマ帝国と遠戚関係も結びながらスラブ語圏全体の文化的首都となった。だから東ローマ帝国の北方での継承者はモスクワではなくキーウなのだが、一三世紀、東から来たモンゴル民族に大公国は滅ぼされてしまう。そして近世、ウクライナはポーランドとロシアに挟まれて苦難の道をたどる。

本来は、ロシアがウクライナの一部なのであり、その逆ではないとも言えるのだが、やがてモスクワの帝国はキーウの中心性の否定の上にユーラシア全土に領土を拡張し、むしろウクライナを属領化していく。スターリン時代には、彼が引き起こした大飢饉によって数百万人のウクライナ人が餓死し、さらにスターリンはウクライナ語を禁止し、ウクライナ人の文化的伝統を抹消していこうとした。ウクライナとロシアの歴史的な関係は、明らかに前者が兄で、後者が弟である。しかしスターリンからプーチンまで、そのような関係は絶対に許容できない。ウクライナはロシアの周縁的な一部でなければならず、ロシアの正統な歴史は、この歴史的関係の否定の上にこそ樹立される。プーチンがウクライナ制圧に執念を燃やすのは、彼がこの逆転をよく知っているからだろう。ウクライナは、全ロシアの正統性を覆す潜在力を内包した周縁的自己なのだ。

さらに言えば、そもそもチェチェンの南はジョージアであり、その南にはアルメニア、南東にはアゼルバイジャンが接している。オスマントルコ帝国とロシア帝国に挟まれたコーカサス地方の歴史は複雑であり、第3章で触れたように、今日なおアルメニアとアゼルバイジャンの間では長期にわたる戦争が続いている。ジョージアはウクライナやモルドバと同じように内部に親ロシア派を抱えている。つまり、ウクライナからモルドバ、ジョージアまでの諸地域は、近代を通じて欧州とイスタンブール、モスクワの三極から広がる帝国の境界域に置かれ続け、同時にスターリニズムが吹き荒れた時代の強制移住の歴史の傷跡を抱え続ける。大英帝国やフランス帝国の植民地とも、また日本における北海道や沖縄のような内国的に植民地化されていった地方とも異なるのだが、それでもそれらは、巨大なロシア＝ソビエト帝国の周縁で、この共産主義＝全体主義の無数の暴力と抑圧の辛酸をなめてきたという意味で、植民地的経験を通過してきた。

プーチンは権力の座について以来、一貫してこれら周縁の植民地的地域を力で屈服させ、ロシア＝ソビエト帝国の影響圏内に引き戻そうとしてきた。その意図は露骨に帝国主義的だが、方法も古い意味で帝国主義的である。すなわち、モスクワはこれらの地域を空から無差別爆撃し、同時に陸から戦車で首都まで侵入していくのである。つまり、チェチェンでも、ウクライナでも、ロシア軍の空爆はいまだにドゥーエ理論の射程内にあり、アメリカの空爆がベトナム戦争を経て一九九〇年代以降に推し進めていったパラダイム転換を全面的には受け入れていない。

そのことを象徴するかのように、ロシア軍による空爆では、驚くほどにわずかにしかドローンが活躍しない。もちろん、第3章で触れたように、ロシアの民間企業は自爆型の「カミカゼ・ドローン」を売り捌いている。しかしこの製品は、時速一三〇キロで三〇分までしか飛び続けられない廉価品である。貧しい紛争当事国は買い求めるだろうが、到底、アメリカの高性能ドローンに対抗できる代物ではない。それどころか性能では、トルコ製の攻撃型ドローンはロシア製よりも上だとすら言われている。ワシントンポスト紙は、二〇一七年にウクライナ東部の紛争のなかで撃ち落とされたロシアのドローンを開けてみたところ、内部の部品のほとんどがロシア製ではなかったことに驚きの声が挙がったと伝える（*The Washington Post*, February 11, 2022）。すなわち、そのロシアのドローンのエンジンはドイツ製、コンピュータ回路はアメリカ製、モーション探知機はイギリス製、他の部品はスイス製か韓国製であったという。ロシアはもはや、自国の軍事用ドローンの部品すら、自国の技術では製造できなくなってしまったのだ。

これは、冷戦期、科学技術の水準の高さを誇り、近年はインターネットの高度なハッキング技術で悪名を馳せたロシアの技術力の本当の現状をあからさまにするものと言える。この技術力衰退の直接的要因は、一九九〇年代から二〇〇〇年代にかけて、世界がまさにアナログからデジタルへと技術パラダイムを転換させていたときに、ロシアはソビエト連邦崩壊による混乱の只中にあり、技術革新どころではなくなってしまっていたことに求められる。同じ頃、日本もまたバブル崩壊と政治の混迷、震災やテロ事件が続くなかでこのパラダイム転換の大波に乗り遅れてしまったのだが、この時代の敗者は日本だけではなかった。九〇年代、ロシアも日本とは異なる仕方で苦しんでいた。だからプーチンが権力を握るその時点で、ロシアはかつてのソ連とは決定的に異なる国になっていたのである。そして二〇〇〇年代以降、ロシア軍や傘下の軍需産業は、新たに自力で基礎技術を開発するよりも、天然ガスなどを売って儲けた金で、海外から必要な部品を買い集めて手っ取り早く技術革新に追いついていく道を選ぶ。つまりどちらかというと、ロシアは先進国型というよりも発展途上国型の社会経済体制に退行していったわけである。

だが、さらに深く考えるならば、ロシアはもともと「空の帝国」ではなく「陸の帝国」で、「上空からの眼差し」をグローバルな仕組みとして発達させていくことにアメリカほどには関心を持っていなかったのではないか。たしかに核戦力ではソ連はアメリカに真っ向から対抗したし、スパイ技術も高度に発達させた。しかしソ連もロシアも、自国の兵士の死が少しでも増えれば戦争遂行が困難になるという切迫感を、アメリカほどには持っていない。つまり、日本の特攻の真似はしないだろうが、国家のために兵士が命を捧げることに疑問が抱かれないのなら、空爆機を無人化しなければならないという切実さを、アメリカほどには感じなくてすむ。

湾岸戦争からユーゴ紛争、イラク戦争やアフガン空爆までのアメリカ主導の戦争は、空爆の無人化の流れに貫かれてきた。しかしロシアの戦争観は、この流れとは違う地平にあり、その分、それ以前の第二次世界大戦の延長線上にある戦争観を保持してきた可能性がある。実際、ロシア軍によってウクライナ諸都市に行われている無差別爆撃は、紛れもなく二〇世紀半ばに盛んに繰り返されたドゥーエ理論に基づく空爆の再演である。それはとてつもない時代錯誤なのだが、無差別な空爆の後、地上軍で制圧するという昔ながらの戦争観は、「空」からの支配よりも「陸」の拡張に関心を懐いてきたロシアには、いまだに好都合な地平なのかもしれない。

「スパイ」と「俳優」の間にあるもの

だが、それでも歴史は変化している。両世界大戦期と二一世紀では、「戦争」の概念やそれを取り巻くメディア－技術的環境が根本から変わってしまっているから、かつての戦争観を今更のように持ち出してきてその「正当性」を押し通そうとすれば、どれほど強力な独裁者でも歴史によって厳しい判定が下されることになる。ウクライナへの軍事侵略をめぐる様々な報道を通じて明らかになっていったのは、ウラジーミル・プーチンが徹頭徹尾旧ＫＧＢの冷徹なスパイであったこと、一九九〇年代の大混乱後、二〇〇〇年代以降のロシアを見かけの上で立て直したのは、そうしたKGB的な論理を徹底させることによってだったという陰鬱なる事実だった。

実際、プーチンは大統領就任以降、一貫してロシア国内の情報統制を強化してきた。政権はテレビ局の経営を事実上支配し、放送から政権批判を一掃する。リベラルなネットメディアを「外国勢力の手先」と名指しし、存続の危機に追い込んでいった。さらに、政権批判を続ける記者を様々なルートを使って殺害することも厭わなかった。こうして二〇〇六年には、ノーバヤ・ガゼータ紙の記者でプーチン政権批判を続けてきたアンナ・ポリトコフスカヤが射殺された。

この強権的で抑圧的な体制は、彼がクリミア半島の一方的併合を行う二〇一〇年代半ば以降さらに激しくなり、二〇一七年には政権に不都合なNGO等を「外国の代理人」に指定して監視・規制を強める対象をメディアにも拡大、一九年には政府がネット通信を一元管理できる「主権ネット法」も施行された。そしてウクライナ侵攻後、二二年三月四日には、ロシア軍の活動について当局が「フェイク」と見なした情報を報じた記者に最長一五年の禁固刑が科されることになり、ロシア国内のメディアは当局の発表以外の情報を報じることがほぼ不可能になった。ここに貫かれているのは、情報は統制・操作されるものであるという信念である。

プーチンはこれまで怜悧なスパイ＝大統領として、敵対者の抹殺や批判の封じ込め、国内での情報統制と対外的な諜報活動を狡猾に進めてきたが、その政治的目標はあくまでロシア＝ソビエト帝国の再興にあったから、独裁者としての地位の安定に満足していたわけではない。だから帝国復興の野望が危うくなれば、彼は一九九九年にチェチェンでしたことを繰り返す可能性があった。しかしおそらく彼に見えていなかったのは、二一世紀の最初の二十数年間でどれほど世界の情報‐メディア環境が根底から変化してしまったかではなかったか。プーチンの時計は、一九九一年のソ連崩壊で止まっている。彼は、その時計の針を前に戻そうと努力してきた。しかし世界は二一世紀に入り、そのようなプーチンの思惑をはるかに超えて変化してきたのだ。この変化から目を背け続けることで、ロシアの「失われた十年」は「失われる半世紀」になる。

世界の情報基盤は、すでにあらゆる国境を越えて繋がり、地上の至るところ、またはるか上空の衛星軌道上から発信される莫大な情報が容易には統制不能な速さで流通している。この変化を支えているのは、国家というよりも一人ひとりのユーザーである。ユーザーたちは繋がり、様々な独自のネットワークを形成している。だからこそ、プーチンは多くのアメリカ国民の心の隙を突いて二〇一六年の米大統領選挙への介入に成功したのだが、その同じ環境は、彼を追い詰める方向でも作用し得る。

このメディア総体のパラダイム転換を、プーチンは情報統制や諜報的な操作可能性の視点からしか理解しなかった。しかし軍事侵攻後、実際にウクライナで起きたのは、そうした統制や操作の限界をはるかに超える発信のうねりと全世界での爆発的な流通だった。すでにロシアを除く大多数の国々の人々が連日視聴してきたように、ロシア軍の無差別攻撃を受けるウクライナ各地から、市民がスマートフォンで撮影した数々の映像、破壊された街並みや逃げまどう人々、民家に着弾したロケット弾や負傷した市民、路上に散乱する黒焦げの死体の映像が送信されてくる。それら一つひとつが、ウクライナで起きていることを、刻一刻と世界に共有させている。しかも今回は、こうした草の根的な情報だけでなく、高精細の衛星やドローンによる画像を含めてかなり多くの画像情報がオープンデータとして提供されているから、世界各地の市民活動家やIT技術者がそれぞれデータを加工し、現地の状況を可視化することが可能になっている。

こうしたなかでウクライナ政府は、スマホ上の通信アプリ「テレグラム」に「ロシアの戦争を止めろ」という専用窓口を設定し、市民が「ロシア軍を目撃した場所、時間、何を具体的に見たのかなどを送る。その情報をウクライナ軍が精査のうえ作戦に役立てるという仕組み」を立ち上げた。ウクライナ全土のどこで何が生じているのか、ロシア軍はどのように移動し、どこで何をしているのかについての情報を、軍の情報網が有効に機能していないロシア政府よりもはるかに正確に把握しようとしているのである。さらに、彼らはロシアの戦争犯罪を証明するためのサイトも立ち上げ、「国民にロシア軍による市民への攻撃や人権侵害について、写真や動画、具体的な被害状況などの情報を求めている」という(『日本経済新聞』二〇二二年三月一五日)。彼らはモバイル時代のメディア環境をフルに活用しており、「史上初めてスマホが「武器」として使われている」(同二〇二二年三月三〇日)というのも誇張とは言えない。

そしてもちろん、こうしたグローバルなモバイル環境をフルに生かし、縦横無尽の活躍で戦況を変化させ、あっという間に世界の「英雄」となったのが、ウォロディミル・ゼレンスキーウクライナ大統領であった。ゼレンスキーはもともと喜劇俳優である。彼をテレビ俳優として押し上げたのが、さえない歴史教師がふとしたきっかけで大統領になってしまうテレビコメディ『国民の僕(しもべ)』(二〇一五〜一九年にウクライナで放映)の大人気で、そのドラマのタイトルをそのまま政党名にして本物の大統領になってしまったという逸話はすでによく知られている。

ポイントは、プーチンが本質的に「スパイ」であるのに対し、ゼレンスキーは本質的に「俳優」だということにある。俳優は、不特定の観客の前で、彼らの目線を肌で感じながら与えられた役を演じ切ることにおのれを賭ける。ロシアのウクライナ侵攻は、あまりにも「悪玉」と「善玉」がはっきりしているから、俳優が演ずべきシナリオは明快だ。ロシアの暴力的侵攻という危機と、グローバルに繫がったメディア環境という二つの条件のなかで、つまり完璧なシナリオと舞台を与えられ、ゼレンスキーの俳優としての才能は炸裂していく。その結果、全世界から熱烈な喝采と支援を受けることとなったのである。「千両役者」とはこのことで、彼のような「俳優」が大統領であったのは偶然だが、この偶然はウクライナには大いにプラスに機能した。

しかし、より重要なのは、ロシアの侵攻が始まってからのウクライナの善戦を、決してゼレンスキー独りの俳優的才能に還元しないことである。たとえば、ゼレンスキー政権で若くしてIT担当大臣となったミハイロ・フョードロフは、もともとは行政サービスの完全デジタル化を推進していたが、戦争勃発後、副首相として対ロシアのデジタル戦を指揮している。彼は、いわばウクライナのオードリー・タンなわけだが、ツイッターやアップルなどのIT大手に働きかけてロシアでのネット事業の停止を実現し、アメリカの富豪イーロン・マスクからは衛星端末の大量提供を得た。彼はまた、ロシアへのサイバー攻撃を仕掛けるIT軍への参加を全世界に呼びかけ、仮想通貨の仕組みで支援金を集めていった。このIT軍は、物理的にウクライナの戦地に赴くわけではなく、世界のどこにいても自宅でパソコンからロシア軍に攻撃を仕掛けるサポーターから成るものだった。こうしてたとえば、「キエフに住むデジタル広告業の女性(22)もIT軍に加わっている。侵攻後、アパートの自室と、シェルターを兼ねる地下駐車場との間を行き来する毎日に気持ちが追い込まれていた。そんな日々の中、IT軍に参加したことで、自身もロシアと戦っているとの意識を持つことができたという」(『読売新聞』二〇二二年三月一一日)。

二一世紀に入り、ウクライナは「東欧のシリコンバレー」と呼ばれることもあるIT技術者が多い国になっている。ソ連崩壊後、多くの東欧諸国が理工系の知識を生かしながら元手のいらないIT産業の育成に力を入れ、二十数年で若いIT技術者の養成に成果を挙げてきた。今日、エストニアがデジタル先進国としてよく話題になるが、一九九〇年代以降、多くの東欧諸国が似た動きをしていたのである。とはいえウクライナは、二〇一四年のロシアのクリミア侵攻に際しては、自らの通信インフラの脆弱さを露わにした。携帯電話の通信網が使えなくなり、ロシアはウクライナがドローンを飛ばせなくし、偽情報を流すことにも成功した。さらにその翌年と翌々年には、サイバー攻撃で大規模な停電も生じさせている。ウクライナはこうした危機を経験するなかで、自国の通信網の防衛体制を固め、より強靭なIT基盤を構築してきたのである。こうして強化されたIT基盤に、海外からの技術的支援や機器や回線の提供も受けることにより、今回の戦争ではかつてないほど戦地からの情報発信がスムーズに世界に流れ続けている。

こうした状況を前に、世界のメディアは「これは情報戦だ」と盛んに語るが、もしもこれが本当に情報戦ならば、すでに勝負はついている。やっかいなのは、情報戦で圧倒的に勝利している側と、圧倒的な軍事力をもって不人気な侵略を続けている側が別だという点にある。プーチンのロシアは、ゼレンスキーのウクライナに、すでに「情報戦」では大敗北している。だからもう彼には、なりふり構わず相手を圧倒的な暴力で叩きのめすことしかできない。その暴力をめぐる思考スタイルは、いまだに両世界大戦期からあまり変化していないようにも見える。完全に時代遅れだが、それでも軍の規模が巨大なので、軍事的に簡単に敗北するわけではない。

とはいえ、中長期的には、この戦争の結末はすでに明らかである。要するに、モバイルとインターネットを基盤にしたグローバルな情報資本主義が勝利するのである。ロシアの未来は暗い。その暗さをあざ笑うかのように、いずれアメリカとEUを中心とした「西側世界」は、民主主義の勝利について語り始めるであろう。要するに、一九八九年に起きたことが、形を変えて再演されるのだ。そのような道、つまりプーチンは自滅への道を突き進んでいるようにしか見えないわけだが、いずれそのような未来がはっきり見えてきた段階で、この「資本主義の勝利」がいかなる陥穽を孕んでいるのかに世界がどれほど注意深くいられるかが問われるだろう。

ヴィリリオの誤算？

さて、これまで本書全体が、ヴィリリオやカプラン、グレゴリー、スタムといったメディア論とカルチュラル・スタディーズ、ポストコロニアル理論などの諸分野で過去数十年間になされてきた戦争論に導かれながら議論を進められてきたことは、すでに明らかであろう。なかでもヴィリリオの映画＝戦争論は、本書のスタートラインとなってきた。そのヴィリリオは、この終章冒頭で一部を引用した一九九〇年代末の文章で、ＮＡＴＯの防衛的調整力の消失を予測していたが、今のところ歴史はそうは向かっていない。彼によれば、NATOにはその決定メカニズムに根本的な欠陥があり、現状のように「個々の目標、個々の戦術的作戦の度にNATO構成各国の合意獲得を要求していては、戦場での行動に貴重な時間を浪費し、戦争の本質たる迅速さを深刻な危機に晒す」。そうした非効率的な調整的軍事力は、近い将来「否認」され、「われわれは、新たなタイプの調整、今度は攻撃的な調整の時代に突入するだろう。《軍人》は、もはや、人殺しの不良国家との「泥棒と憲兵ごっこ」に興ずるふりをやめ、《新世界秩序》の実効的運営に手こずる《政治家》の前に再び自らの場所を確保するだろう」と予言したのだ（Virilio 1999＝2000: 18–19）。要するにヴィリリオは、軍隊がやがてグローバルな情報システムに基づいた秩序を管理する《警察》的存在になると考えていたわけだが、この予想は今のところ外れている。

ヴィリリオの誤算は、彼のこの九〇年代末の文章が、他の多くの点で正確に未来を見通していたことと対照的である。たとえば彼は、「情報戦争の時代にあっては、政治の先天的脆弱さと幼児化を埋め合わせるべく軍の情報機関が復権する」と予見していた（Virilio 1999＝2000: 21）。この予見は一九九九年になされたもので、まだこの時点ではプーチンは政治の表舞台には登場していない。それでも彼は、「エリツィンがKGB出身のゴルバチョフでないとすれば、クリントンもCIA出身のブッシュではない」、つまり両国がアル中とセクハラのリーダーしか持てていないのが現状であり、やがてそうした「政治の先天的脆弱さと幼児化を埋め合わせるべく軍の情報機関が復権する」としたのである。この予想はロシアについては恐ろしいまでに的中した。

しかしヴィリリオは、「上空からの眼」の支配が、人々の「大地への固執」を根こそぎ凌駕すると考えすぎていたのではないか。彼によれば、「今や、諸国民の航空・宇宙的権利が、生存可能な土地に対する地所的権利よりも重要となり、かくして、この薄い大気の層が、《生存圏(レーベンスラウム)》の禍々しき神話を受け継ぐ政治的賭け金となるだろう。二十一世紀の国家運営にあたっては、それゆえ、もはや目の前の国境で何が起こっているか以上に、頭上の蒼穹で何が起こっているか」が肝要となる。つまり、「かの「シリウスからの視点」があらゆる地政学的パースペクティヴを消し去り、垂直軸が水平軸をはるかに de loin――より正確にいえば、高みから de haut――圧倒する」のだという(Virilio 1999＝2000: 24–25)。つまり二一世紀国家の覇権構造は、大地での勝利よりも時間における勝利に向かうというわけである。

　こうしてヴィリリオは、空間に対して時間の、地上に対して上空の、インターナショナリズムに対してグローバリズムの優位を主張し、この速度や高さ、機能的なグローバリズムを遂行する能力においてペンタゴンへの一極的な求心力が強まると考えていた。もちろんこれは、9・11の出来事以前の話である。彼は、二〇世紀を通じた趨勢の延長線上で、衛星からの眼差しがますます支配的な力を発揮していくと考えていた。そうした方向の延長線上にあるのは、グローバルな規模での一望監視的な仕組みの徹底である。この一望監視は、サイバネティクスの考え方がそうあったようにフィードバックの機構を内在させ、近未来に起こるであろうことをＡＩ的な仕方で計算し、その未来に向けて相手への攻撃を仕掛けていくことができる。

　しかしながら、ここにはいくつかの見落としがあったのではないか。まず、どれほど衛星が地球全体を見渡し、サイバー空間と結合した偵察機からの視界が人々の日常を覆っても、その眼差された人々は、おそらく今後も、地球上のどこか局所、地上の町や村で暮らし続け、自分たちの土地に愛着を持ち続ける。人々の日々の生活やコミュニティから国家までの組織が丸ごと地球の周回軌道と一体化した仮想空間に蒸発することはないはずだ。そしてその人々は、自分の村や町を見放すことはないし、自国のナショナリズムも手放さないだろう。ローカリズムやナショナリズムが、衛星軌道やサイバー空間の高みに雲散霧消することはないはずだ。

この点で、ロシアのウクライナ戦争での苦境は、アメリカのベトナム戦争での苦境と似たところがある。一九六〇年代、空爆を本格化させる米軍に対し、ベトナムで頑強な抵抗力となったのは、共産主義というよりもナショナリズムであった。彼らは祖国がフランスやアメリカに蹂躙されることに抗して戦い、やがて侵略者を追い出していく。現在、ロシアの蹂躙に抗するウクライナの抵抗の根底にあるのもナショナリズムで、これが多くの自己犠牲的な熱情を支えている。つまりナショナリズムは、外からの侵略に抵抗するときに、最もしぶとい底力を発揮するのだ。

しかし他方で、ベトナム戦争とウクライナ戦争では、抵抗の様式がまるで異なっていることにも留意したい。すでに述べたように、ベトナム戦争の場合、米軍の空爆に際し、ベトナムの人々は地下に潜り、ジャングルに隠れ、様々な偽装を試み、上空からの眼差しから逃れていた。他方でウクライナの人々は、ロシアの空爆や侵攻がもたらした結果をスマートフォンで撮影し、常時世界に発信している。彼らは、空爆する側の眼差しにカメラを向け、逆に彼らの姿を四方八方から捉え、グローバルな視界のなかに取り込んでいるのである。

高さの遠近法とデータの遠近法

つまり、二〇二二年春、ウクライナでの戦争が示したのは、インターネットが全地球を仮想的に覆い、誰しもがカメラ機能付きのモバイルメディアを保持する時代に浮上しつつある「遍在する眼差し」の逆説的な威力である。そもそもドローンは、「上空からの眼差し」とそれを操作する地上の兵士を結びつけていた。兵士は地上の基地に身を置いたまま「上空からの眼差し」を身に着け、地上の敵を抹殺する。攻撃者の身体は完全に分裂しているのだが、この分裂は技術的に媒介されている。これに対し、今日のインターネットと携帯端末の結合は、空爆により地上に転がる死体とグローバルな眼差しを結んでいる。地球上の至るところでその眼差しは、人工衛星が撮影する地上の情景と空爆される人々が撮影する被害の惨状を結び合わせ、グローバルな感覚的公共圏を創出してすらいるかのようだ。これらの眼差しは、どちらも地球を覆う情報通信網に媒介されながら、かつての「上空」と「地上」の二分法を溶解させている。衛星と地上が高精細かつリアルタイムで結ばれているから、地上の眼差しは同時に上空からの眼差しでもあり得る。要するに私たちは、地理空間や地上からの高度と眼差す主体の位置との対応関係が失われ、その結果として上空からの眼差しの超越性が著しく相対化される時代を生きているのである。

もちろん、地上の兵士が上空の爆撃機を操作することと、戦地の情景がリアルタイムでグローバルに共有されることは同じではない。前者の場合、眼差しは地上の標的に爆弾を命中させることに向けられる。これは、本書で論じたメディアとしての空爆の眼差しである。後者の場合、眼差しはそのような空爆行為自体に向けられる。これは、むしろフォト・ジャーナリズムの流れに位置づく。「戦場のカメラマン」の末裔である後者は、戦場になった地域に住む人々が携帯端末を用いる日常的実践となっている。そうした普通の人々による日々の発信を通じ、世界はウクライナでの空爆をリアルタイムで観察しているのだ。

これは、湾岸戦争やイラク戦争ではまだなかった状況である。湾岸戦争では、全地球的規模でテレビ視聴者が、アメリカの空爆する眼差しと一体化するような視覚経験を提供されていた。しかし、空爆を受ける側が破壊された自分たちの街に向ける眼差しまでは、テレビカメラ的視線は届いてはいなかった。ところが今では、爆撃を受けた多くの現場を、そこに住んできた人々の眼差しが記録している。この眼差しはやがて地球大の観客の目となり、空爆はその舞台の上に乗せられていく。だから第2章でスタムが述べた「ポルノグラフィックな監視」で言えば、監視する者自身も監視され続けることになる。

だが、それでもなお空爆の歴史は終わらないだろう。ロシア軍だけでなく、米軍も中小の国々の軍隊も、さらには中国軍も、今後もドローンを多用する空爆を諦めることはない。その理由は明白で、スーザン・ソンタグが看破していたように、「戦争関連のニュースが今では世界じゅうに流布しているという事実は、遠い地域にいる人々の苦境を考える能力がそのぶん強化されたことを意味しない」からである(Sontag 2003 = 2003: 116)。

今、私たちの世界は、ロシア軍のあからさまな暴虐に怒り、ウクライナを救いたいという思いを共有しているが、同じロシア軍の暴虐を受けたチェチェンやシリアの悲惨には、これほどの怒りは広がらなかった。イラク戦争での米軍の暴虐にも、批判の声は上がっても大きく歴史を動かせてはいない。ウクライナはヨーロッパにとっても「近い」国であり、チェチェンやシリア、アフガニスタンは相対的に「遠い」国である。グローバルな文化地政学のなかで「遠い」国で起こる悲惨に対し、仮にそうした暴虐を受けた国の人々がスマートフォンから現地の被害を熱心に発信しても、今回のウクライナほどに世界の関心を集めるかどうかは疑問である。

こうした意味では、プーチンのウクライナ侵攻は、むしろ一九三〇年代のフランコ将軍のスペイン侵攻に比すべきなのかもしれない。フランコが空爆や虐殺の技術を磨いたのは植民地モロッコであり、彼は植民地の軍事支配に有効だった方法をスペイン内地に持ち込んだ。同じように、植民地空爆で技術力をつけたドイツやイタリアの空軍がフランコに加勢する。しかし、もちろんスペインはヨーロッパ内だったから、フランコの暴虐は許されざることと受け止められ、多くの知識人がフランコからスペイン政府を守らなければならないと考えた。とりわけ一九三七年、ドイツ空軍によるゲルニカへの無差別爆撃は、その残虐さが広く伝わり、反ファシズムの市民的な流れを形成した。これは、それまでも残虐な無差別爆撃が植民地で行われてもそれほどには大きな非難を生じさせなかったのと対照的だった。ソンタグの言葉を借りるなら、このとき「空爆による一般人の殺戮がスペインで起こっているという事実」が世論を「震撼させた」のであり、そこにあったのは「それはここで起こるべき性質のものではない」という人々の感情だった(Sontag 2003＝2003: 134)。そして今も、ウクライナの村々でのロシア軍の虐殺に対し、それが(中東やアフリカではなく)「ここで起こる」ことへの強い拒否感がある。

第一次世界大戦期に本格的な空爆が始まってから約一世紀余り、空爆をする側とされる側の極端に不均衡な関係が弱まったことはなかったし、今も弱まってはいない。アメリカはいつも空爆する側であり、西欧の主要国やロシア＝ソビエト連邦も、第二次世界大戦期を除くと空爆をされる側になったことはない。だからアメリカは、そのような歴史が崩れかけた(と彼らが考える)日本の真珠湾攻撃と9・11に過敏に反応し、これを決して忘れないのである。他方、第二次大戦末期にドイツと日本は徹底的な空爆を受け、その後に朝鮮半島も焦土と化す。そして、アフガニスタンからイラクまでの乾燥地帯ほど、長きにわたって空爆され続けた地域もない。この不均衡は、大きく見れば近現代を通じた帝国主義の遠近法と相関している。この遠近法は、「空爆する眼差し」が地理的な拘束を逃れていった先でも、なおしぶとく残存すると考えられる。

二一世紀の空爆は、おそらく地上からの遠近や地理空間上の位置に紐づけられたものから、巨大なデータの集積に基づくサイバースペースの中でシミュレーションが重ねられ、状況に応じて現実化されていく方式に変化していくだろう。つまり、データが高さに取って代わるのだ。ドローンはますます無人のAI兵器の主要な一部をなしていく。だから、ドゥーエ理論が主張した無差別大量殺戮の軍事的有効性を信じるのは、プーチンの戦争が最後となる可能性はある。

もちろん、またどこかの時代遅れの独裁者がそうした妄想に取り憑かれるかもしれないが、モバイルメディアがこれだけ普及し、それらがグローバルに結ばれている世界でドゥーエの主張が無効なことは、今回のプーチンの戦争が十分に証明したと思う。ナショナリズムを経た現代世界は、内側からの崩壊にはきわめて脆弱だが、外部からの侵略にはかなり強いのだ。それでもその内と外の境界線が立場によって一致しない地域が世界に無数にあり、それらの地域で紛争が発生し、しばしば相手を叩きのめす方法として空爆、とりわけドローン空爆が使われていく。

そのような空爆の限定的な継続という未来を展望すると、逆に一九四〇年代、日米戦末期の日本が経験した空爆がいかに特異であったかも再確認されよう。あれほどの大量死を日本社会は経験したことがなかったし、同時代のドイツや朝鮮戦争での死者も含めれば、一九四〇年代から五〇年代にかけての空爆による大量死は人類史的規模に達する。私たちの社会は、東京空爆や広島と長崎の原爆投下を、長きにわたり「被害」の経験として語ってきたが、アメリカが日本に向けていた眼差しや朝鮮戦争やベトナム戦争への連続性、さらには第一次世界大戦以降の帝国主義的暴力の歴史のなかでの位置について、いくつもの未解決な課題が残っている。

そしてとりわけ、これを狭義の戦争史としてのみならず、メディア論的な問題として扱っていく必要があるはずだ。メディア論は決して単に表象やその読み取りだけに関わる領域ではない。メディアはしばしば人を捕捉し、殺傷する。標的を特定し、弾丸を導き、相手を抹殺するのである。これは、空爆機やドローンの問題だけでなく、現代都市に張りめぐらされた監視カメラや携帯端末にインストールされた計測機能にも通じる。二〇世紀のメディアの発達を単に情報伝達機能の問題としてだけ考えるのではなく、私たちの身体の日常的なふるまいから巨大な暴力装置としての国家の作動までを貫く〈媒介〉の諸技術として把握する必要がある。

文献

荒井信一　二〇〇八『空爆の歴史――終わらない大量虐殺』岩波新書。
新井葉子　二〇一七「明治期の軍用空中写真(気球写真)に関する研究報告」『文化資源学』第一五巻。
蘭信三他編　二〇二一『「戦争と社会」という問い(シリーズ　戦争と社会1)』岩波書店。
生井英考　二〇〇六『空の帝国　アメリカの20世紀(興亡の世界史)』講談社。
石井洋二郎　二〇一七『時代を「写した」男　ナダール　1820–1910』藤原書店。
石川光陽・森田写真事務所編　一九九二『グラフィックレポート　東京大空襲の全記録』岩波書店。
井上孝司　二〇一五『ドローンの世紀――空撮・宅配から武装無人機まで』中央公論新社。
岩崎稔・成田龍一・吉見俊哉他　二〇〇二『現代思想　特集＝戦争とメディア』(二〇〇二年七月号)青土社。
岩田拡也・加藤晋　二〇一六「無人航空機(ドローン)の歴史と安全――社会が受容可能なリスクとベネフィットのバランス」『安全工学』第五五巻第四号。
NHKスペシャル取材班　二〇一二『ドキュメント東京大空襲――発掘された583枚の未公開写真を追う』新潮社。
大澤真幸　二〇一一「サイバネティックス　20世紀のエピステーメーの中心に」ウィーナー著、池原止戈夫他訳『ウィーナー　サイバネティックス――動物と機械における制御と通信』岩波文庫。
奥住喜重・日笠俊男　二〇〇五『米軍資料　ルメイの焼夷電撃戦――参謀による分析報告』岡山空襲資料センター。
小倉孝誠　二〇一六『写真家ナダール――空から地下まで十九世紀パリを活写した鬼才』中央公論新社。
加藤典洋　二〇一〇『さようなら、ゴジラたち――戦後から遠く離れて』岩波書店。
加藤典洋　二〇一七『敗者の想像力』集英社新書。
川村湊　二〇一一『原発と原爆――「核」の戦後精神史』河出ブックス。
工藤洋三　二〇一一『米軍の写真偵察と日本空襲――写真偵察機が記録した日本本土と空襲被害』自費出版。
工藤洋三　二〇一五『日本の都市を焼き尽くせ！――都市焼夷空襲はどう計画され、どう実行されたか』自費出版。
栗原俊雄　二〇一五『特攻――戦争と日本人』中公新書。
栗原俊雄　二〇二二『東京大空襲の戦後史』岩波新書。
早乙女勝元　一九七一『東京大空襲――昭和20年3月10日の記録』岩波新書。
早乙女勝元　二〇〇三『図説　東京大空襲』河出書房新社。
佐藤仁　二〇一九「自律型殺傷兵器（ＬＡＷＳ）をめぐる国際レジーム――グローバルガバナンスの視座から」『21世紀デザイン研究』第一八号。
新保史生　二〇二〇「自律型致死兵器システム（ＬＡＷＳ）に関するロボット法的視点からの考察」『IEICE Fundamentals Review』第一三巻第三号。
鈴木真二　二〇一二『飛行機物語――航空技術の歴史』ちくま学芸文庫。

鈴木賢子　二〇一〇「W・G・ゼーバルトの記憶の技法」『実践女子大学美學美術史學』第二四号。
太平洋戦争研究会編著　二〇〇三『図説　アメリカ軍の日本焦土作戦』河出書房新社。
高木健治郎　二〇一七「ドローンの利用について――軍事利用から民間利用で求められる「公衆」」『静岡産業大学情報学部研究紀要』一九号。
田中三郎　二〇二〇「昔は人海戦術、今はドローンの群――中東、アフリカの空を飛ぶ中国の無人機」『軍事研究』二〇二〇年七月号。
田中恒夫　二〇一一『図説　朝鮮戦争』河出書房新社。
田中利幸　二〇〇八『空の戦争史』講談社現代新書。
辻雄一郎　二〇二〇「John Yoo「戦争と新しい技術の合理的考え方」」『法律論叢』明治大学法律研究所編、第九二巻第四・五合併号。
鶴見俊輔等　一九六一『日本の百年2　廃墟の中から――一九四五―五二』筑摩書房。
東京都水道局編　一九六六『淀橋浄水場史』東京都水道局。
東松照明　一九九五『長崎〈11：02〉1945年8月9日』新潮社。
富川英生・山口信治　二〇二〇「ロボット工学・自律型システム・人工知能（RAS-AI）に関する技術開発の動向と自律型兵器システム（AWS）の運用についての展望――米・中・露を中心に」『防衛研究所紀要』第二二巻第二号。
富山太佳夫　一九九三『空から女が降ってくる――スポーツ文化の誕生』岩波書店。
中島貞夫　一九六七「次回作「あゝ同期の桜」」『キネマ旬報』一九六七年三月下旬号。

中村秀之　二〇一七『特攻隊映画の系譜学――敗戦日本の哀悼劇』岩波書店。
西垣通編著訳　一九九七『思想としてのパソコン』NTT出版。
西谷修　二〇〇二『「テロとの戦争」とは何か――9・11以後の世界』以文社。
西谷修・中山智香子編　二〇〇五『視角のジオポリティクス――メディアウォールを突き崩す』東京外国語大学大学院地域文化研究科。
橋爪紳也　二〇〇四『飛行機と想像力――翼へのパッション』青土社。
長谷川晋　二〇二〇「戦争の無人化が戦争倫理にもたらす影響についての考察」『研究論集』関西外国語大学、関西外国語大学短期大学部編、一一二巻。
平塚柾緒編著　二〇二〇『新装版　米軍が記録した日本空襲』草思社。
福田充　二〇一〇『テロとインテリジェンス――覇権国家アメリカのジレンマ』慶應義塾大学出版会。
福間良明　二〇〇七『殉国と反逆――「特攻」の語りの戦後史(越境する近代3)』青弓社。
福間良明・山口誠編　二〇一五『「知覧」の誕生――特攻の記憶はいかに創られてきたのか』柏書房。
藤崎康　二〇〇八『戦争の映画史――恐怖と快楽のフィルム学』朝日選書。
古矢旬　二〇〇二『アメリカニズム――「普遍国家」のナショナリズム』東京大学出版会。
ベンヤミン　一九九四『ボードレール　他五篇』岩波文庫。
ベンヤミン　一九九五『ベンヤミン・コレクション1　近代の意味』ちくま学芸文庫。
保阪正康　二〇〇五『「特攻」と日本人』講談社現代新書。
星野昌一　一九四四『防空と偽装』乾元社。

細見和之　二〇〇八「解説　破壊に抗する博物誌的な記述」、W・G・ゼーバルト著、鈴木仁子訳『空襲と文学』白水社。
前田哲男　二〇〇六『戦略爆撃の思想——ゲルニカ　重慶　広島』凱風社。
松岡完　二〇〇一『ベトナム戦争——誤算と誤解の戦場』中公新書。
宮本陽一郎　二〇一六『アトミック・メロドラマ——冷戦アメリカのドラマトゥルギー』彩流社。
森岡清美　二〇一一『若き特攻隊員と太平洋戦争——その手記と群像』吉川弘文館。
好井裕明　二〇〇七『ゴジラ・モスラ・原水爆——特撮映画の社会学』せりか書房。
吉澤南　一九九九『ベトナム戦争——民衆にとっての戦場』吉川弘文館。
吉田敏浩　二〇〇六『反空爆の思想』NHKブックス。
吉見俊哉　一九九二『博覧会の政治学——まなざしの近代』中公新書。
吉見俊哉　二〇〇七『親米と反米——戦後日本の政治的無意識』岩波新書。
吉見俊哉　二〇一二『夢の原子力——Atoms for Dream』ちくま新書。
吉見俊哉　二〇一六『視覚都市の地政学——まなざしとしての近代』岩波書店。
吉見俊哉　二〇一一『大学は何処へ——未来への設計』岩波新書。
米内光政　一九四三『常在戦場』大新社。
和田春樹　二〇〇二『朝鮮戦争全史』岩波書店。
Barber, B. R., 2004, *Fear's Empire: War, Terrorism, and Democracy*, W. W. Norton & Company. = 2004（鈴木主税・

浅岡政子訳）『予防戦争という論理――アメリカはなぜテロとの戦いで苦戦するのか』阪急コミュニケーションズ。

Barthes, R., 1980, *La Chambre Claire: note sur la photographie*, Le Seuil. = 1985（花輪光訳）『明るい部屋――写真についての覚書』みすず書房。

Bashir, S., and Crews, R. D., eds., 2012, *Under the Drones: Modern Lives in the Afghanistan-Pakistan Borderlands*, Harvard University Press.

Baudrillard, J., 1991, *La Guerre du Golfe n'a pas eu lieu*, Éditions Galilée. = 1991（塚原史訳）『湾岸戦争は起こらなかった』紀伊國屋書店。

Bergen, P., and Tiedemann, K., 2011, "Washington's Phantom War: The Effects of the U. S. Drone Program in Pakistan," *Foreign Affairs*, Vol. 90, No. 4. = 2011「ドローン兵器と実体なき戦争」『フォーリン・アフェアーズ・リポート』二〇一一年八月号。

Biddle, T. D., 2002, *Rhetoric and Reality in Air Warfare: The Evolution of British and American Ideas about Strategic Bombing, 1914–1945*, Princeton University Press.

Bousquet, A., 2018, *The Eye of War: Military Perception from the Telescope to the Drone*, University of Minnesota Press.

Boyer, P., 1994, By the *Bomb's Early Light: American Thought and Culture at the Dawn of the Atomic Age*, The University of North Carolina Press.

Broderick, M., eds., 1996, *Hibakusha Cinema: Hiroshima, Nagasaki and the Nuclear Image in Japanese Film*, Kegan

Paul International. = 1999（柴崎昭則・和波雅子訳）『ヒバクシャ・シネマ――日本映画における広島・長崎と核のイメージ』現代書館。

Buckley, J., 1999, *Air Power in the Age of Total War*, UCL Press.

Certeau, M. de, 1980, *L'invention du quotidien I: Art de faire*, Gallimard. = 1987（山田登世子訳）『日常的実践のポイエティーク』国文社。

Chamayou, G., 2013, *Théorie du drone*, La Fabrique. = 2018（渡名喜庸哲訳）『ドローンの哲学――遠隔テクノロジーと〈無人化〉する戦争』明石書店。

Chandler, K., 2017, "American Kamikaze," in Parks, L. and Kaplan, C., eds., *Life in the Age of Drone Warfare*, Duke University Press.

Chandler, K., 2020, *Unmanning: How Humans, Machines, and Media Perform Drone Warfare*, Rutgers University Press.

Chow, R., 2006, *The Age of the World Target: Self-Referentiality in War, Theory, and Comparative Work*, Duke University Press. = 2014（本橋哲也訳）『標的とされた世界――戦争、理論、文化をめぐる考察』法政大学出版局。

Cockburn, A., 2016, *Kill Chain: Drones and the Rise of High-Tech Assassins*, Verso.

Crane, C. C., 2000, *American Airpower Strategy in Korea, 1950–1953*, University Press of Kansas.

Crary, J., 1990, *Techniques of the Observer: on Vision and Modernity in the Nineteenth Century*, MIT Press. = 1997（遠藤知巳訳）『観察者の系譜――視覚空間の変容とモダニティ』十月社。

Cumings, B., 1992, *War and Television*, Verso Books. = 2004（渡辺将人訳）『戦争とテレビ』みすず書房。

Cumings, B., 2004, *North Korea: Another Country*, The New Press. = 2004（杉田米行監訳）『北朝鮮とアメリカ　確執の半世紀』明石書店。

Cumings, B., 2010, *The Korean War: A History*, Modern Library. = 2014（栗原泉・山岡由美訳）『朝鮮戦争論――忘れられたジェノサイド』明石書店。

Debord, G., 1992, *La Société du Spectacle*, Éditions Gallimard. = 1993（木下誠訳）『スペクタクルの社会――情報資本主義批判』平凡社。

Del Monte, L. A., 2018, *Genius Weapons: Artificial Intelligence, Autonomous Weaponry, and the Future of Warfare, Rowman & Littlefield.* = 2021（川村幸城訳）『ＡＩ・兵器・戦争の未来』東洋経済新報社。

Dolman, E. C., 2015, *Can Science End War?*, Polity. = 2016（桃井緑美子訳）『21世紀の戦争テクノロジー――科学が変える未来の戦争』河出書房新社。

Douhet, G., 1921, *Il dominio dell'aria: saggio sull'arte della guerra aerea*, Stabilimento poligrafico per l'Amministrazione della Guerra. = 2002（瀬井勝公編著）「制空」『戦略論大系６　ドゥーエ』芙蓉書房出版。

Dower, J. W., 2012, *Ways of Forgetting, Ways of Remembering: Japan in the Modern World*, The New Press. = 2013（外岡秀俊訳）『忘却のしかた、記憶のしかた――日本・アメリカ・戦争』岩波書店。

Dower, J. W., 2010, *Cultures of War: Pearl Harbor, Hiroshima, 9–11, Iraq*, W. W. Norton & Company. = 2021（三浦洋一監訳）『戦争の文化――パールハーバー・ヒロシマ・9・11・イラク』（上・下）岩波書店。

Dower, J. W., 2017, *The Violent American Century: War and Terror since World War II*, Haymarket Books. = 2017（田中利幸訳）『アメリカ　暴力の世紀――第二次大戦以降の戦争とテロ』岩波書店。

Evangelista, M., and Shue, H., eds., 2014, *The American Way of Bombing: Changing Ethical and Legal Norms, from Flying Fortresses to Drones*, Cornell University Press.

Fanon, F., 1951, *Peau Noire, Masques Blancs*, Éditions du Seuil. = 1998（海老坂武・加藤晴久訳）『黒い皮膚・白い仮面』みすず書房。

Favret, M. A., 2010, *War at A Distance: Romanticism and the Making of Modern Wartime*, Princeton University Press.

Freedman, L. D., 2016, "The Drone Revolution: Less Than Meets the Eye," *Foreign Affairs*, Vol. 95, No. 6. = 2016「軍事ドローン革命のイメージと現実――その軍事的価値には限界がある」『フォーリン・アフェアーズ・リポート』二〇一六年一二月号。

Frühhstück, S., 2017, *Playing War: Children and the Paradoxes of Modern Militarism in Japan*, University of California Press.

Fujitani, T., White, G. M., and Lisa, Y., 2002, *Perilous Memories: The Asia-Pacific War(s)*, Duke University Press.

Gregory, D., 2004, *The Colonial Present*, Blackwell Publishing.

Gregory, D., 2011, "From a View to a Kill: Drones and Late Modern War," *Theory, Culture & Society*, Vol. 28, Issue 7–8.

Gregory, D., 2013, "Lines of Descent," in Adey, P., Whitehead, M., and Williams, A., eds., *From Above: War, Violence and Verticality*, Oxford University Press.

Gregory, D., 2014, "Drone Geographies", *Radical Philosophy, Issue* 183.

Gregory, D., 2016, "The Territory of the Screen," *Media Tropes*, Vol. 6, No.2.

Gregory, D., 2018, "Eyes in the Sky - Bodies on the Ground," *Critical Studies on Security*, Vol. 6, Issue 3.

Gusterson, H., 2016, *Drone: Remote Control Warfare*, The MIT Press.

Halliday, J., and Cumings, B., 1988, *Korea: The Unknown War*, Pantheon. = 1990（清水知久訳）『朝鮮戦争――内戦と干渉』岩波書店。

Henriksen, M. A., 1997, *Dr. Strangelove's America: Society and Culture in the Atomic Age*, University of California Press.

Herken, G., 2002, *Brotherhood of the Bomb: The Tangled Lives and Loyalties of Robert Oppenheimer, Ernest Lawrence, and Edward Teller*, Henry Holt and Company.

Ignatieff, M., 2000, *Virtual War: Kosovo and Beyond*, Henry Holt & Company. = 2003（金田耕一他訳）『ヴァーチャル・ウォー――戦争とヒューマニズムの間』風行社。

Johnson, C., 2000, *Blowback: The Costs and Consequences of American Empire*, Metropolitan Books. = 2000（鈴木主税訳）『アメリカ帝国への報復』集英社。

Kaplan, C., 2013 "The Balloon Prospect," in Adey, P., Whitehead, M., and Williams, A., eds., *From Above: War, Violence and Verticality*, Oxford University Press.

Kaplan, C., 2018, *Aerial Aftermaths: Wartime from Above*, Duke University Press.

Klauser, F. R., 2020 "Aerial Politics of Vissibility: Actors, Spaces, and Drivers of Professional Drone Usage in Switzerland," *Surveillance & Society*, 18(4).

Klein, C., 2003, *Cold War Orientalism: Asia in the Middlebrow Imagination, 1945–1961*, University of California

Press.

Kwon, H., 2008, *Ghosts of War in Vietnam*, Cambridge University Press.

Lyon, D., 2003, *Surveillance after September 11*, Blackwell. = 2004（田島泰彦監修・清水知子訳）『9・11以後の監視――〈監視社会〉と〈自由〉』明石書店。

Mailer, N., 2003, *Why Are We at War?*, Random House. = 2003（田代泰子訳）『なぜわれわれは戦争をしているのか』岩波書店。

Mamdani, M., 2004, *Good Muslim, Bad Muslim: America, the Cold War, and the Roots of Terror*, Pantheon Books. = 2005（越智道雄訳）『アメリカン・ジハード――連鎖するテロのルーツ』岩波書店。

McLuhan, M., 1964, *Understanding Media: The Extensions of Man*, McGraw-Hill. = 1987（栗原裕・河本仲聖訳）『メディア論――人間の拡張の諸相』みすず書房。

Mirzoeff, N., 2011, *The Right to Look: A Counterhistory of Visuality*, Duke University Press.

Mowlana, H., Gebner, G., and Shiller, H. I., 1992, *Triumph of the Image: The Media's War in the Persian Gulf — A Global Perspective*, Westview Press.

Murphy, D.E., 2002, *September 11: An Oral History*, Doubleday. = 2002（村上由見子訳）『マンハッタン、9月11日――生還者たちの証言』中央公論新社。

Nadar, F., 1900, *Quand j'étais photographe*, Editions d'aujourd'hui. =1990（大野多加志・橋本克己訳）『ナダール私は写真家である』筑摩叢書。

Neer, R. M., 2013, *Napalm: An American Biography*, Belknap Press. = 2016（田口俊樹訳）『ナパーム空爆史――日

本人をもっとも多く殺した兵器』太田出版。
Osgood, K., 2006, *Total Cold War: Eisenhower's Secret Propaganda Battle at Home and Abroad*, University Press of Kansas.
Pick, D., 1993, *War Machine: The Rationalisation of Slaughter in the Modern Age*, Yale University Press. = 1998(小澤正人訳)『戦争の機械――近代における殺戮の合理化』法政大学出版局。
Rancière, J., 2003, *Le Destin des Images*, La Fabrique Éditions. = 2010(堀潤之訳)『イメージの運命』平凡社。
Rancière, J., 2008, *Le spectateur émancipé*, La Fabrique editions. = 2013(梶田裕訳)『解放された観客』法政大学出版局。
Ristelhueber, S., 2009, *Fait*, Errata Editions.
Robinson, J., 2013, "'Concealing the Crude': Airmindedness and the Camouflaging of Britain's Oil Installations, 1936–39," in Adey, P., Whitehead, M., and Williams, A., eds., *From Above: War, Violence and Verticality*, Oxford University Press.
Rosenberg, E. S., 2003, *A Date Which Will Live: Pearl Harbor in American Memory*, Duke University Press. = 2007(飯倉章訳)『アメリカは忘れない――記憶のなかのパールハーバー』法政大学出版局。
Rousso, H., 2016, *The Latest Catastrophe: History, the Present, the Contemporary*, The University of Chicago Press.
Said, E. W., 1978, *Orientalism*, Pantheon Books. = 1986(今沢紀子訳)『オリエンタリズム』平凡社。
Said, E. W., 1993, *Culture and Imperialism*, Alfred A. Knopf. = 1998, 2001(大橋洋一訳)『文化と帝国主義(1・2)』みすず書房。

Saint-Amour, P. K., 2013, "Photomosaics: Mapping the Front, Mapping the City," in Adey, P., Whitehead, M., and Williams, A., eds., *From Above: War, Violence and Verticality*, Oxford University Press.

Scahill, J., 2013, Dirty Wars: *The World Is a Battlefield*, Nation Books. = 2014(横山啓明訳)『アメリカの卑劣な戦争——無人機と特殊作戦部隊の暗躍(上・下)』柏書房。

Scahill, J., and The Staff of the Intercept, 2016, *The Assassination Complex: Inside the Government's Secret Drone Warfare Program*, Simon & Schuster.

Schaffer, R., 1985, *Wings of Judgement: American Bombing in World War II*, Oxford University Press. = 1996(深田民生訳)『アメリカの日本空襲にモラルはあったか——戦略爆撃の道義的問題』草思社。

Scharre, P., 2018, *Army of None: Autonomous Weapons and the Future of War*, W. W. Norton & Company. = 2019(伏見威蕃訳)『無人の兵団——AI、ロボット、自律型兵器と未来の戦争』早川書房。

Sebald, W. G., 2001, *Luftkrieg und Literatur*, Hanser. = 2008(鈴木仁子訳)『空襲と文学』白水社。

Shannon, C. E., and Weaver, W., 1949, *The Mathematical Theory of Communication*, University of Illinois Press. = 2009(植松友彦訳)『通信の数学的理論』ちくま学芸文庫。

Sherry, M. S., 1987, *The Rise of American Air Power: The Creation of Armageddon*, Yale University Press.

Sontag, S., 1977, *On Photography*, Farrar, Straus and Giroux. = 1979(近藤耕人訳)『写真論』晶文社。

Sontag, S., 2003, *Regarding the Pain of Others*, Farrar, Straus and Giroux. = 2003(北條文緒訳)『他者の苦痛へのまなざし』みすず書房。

Stam, R., 1992, "Mobilizing Fictions: The Gulf War, the Media, and the Recruitment of the Spectator," *Public Culture*,

Vol. 4, No. 2.

Sturken, M., 1997, *Tangled Memories: The Vietnam War, the AIDS Epidemic, and the Politics of Remembering*, University of California Press. = 2004（岩崎稔他訳）『アメリカという記憶――ベトナム戦争、エイズ、記念碑的表象』未來社。

Tsutsui, W. M., 2004, *Godzilla on My Mind: Fifty Years of the King of Monsters*, Griffin. = 2005（神山京子訳）『ゴジラとアメリカの半世紀』中公叢書。

Velicovich, B., and Stewart, C. S., 2017, *Drone Warrior: An Elite Soldier's Inside Account of the Hunt for America's Most Dangerous Enemies*, Dey Street Books. = 2018（北川蒼訳）『ドローン情報戦――アメリカ特殊部隊の無人機戦略最前線』原書房。

Virilio, P., 1977, *Vitesse et Politique*, Editions Galilée. = 1989（市田良彦訳）『速度と政治――地政学から時政学へ』平凡社。

Virilio, P., 1984, *Guerre et Cinéma 1: Logistique de la perception*, éditions de l'Étoile. = 1988（石井直志・千葉文夫訳）『戦争と映画――知覚の兵站術』ＵＰＵ。

Virilio, P., 1990, *L'inertie Polaire*, Christian Bourgois Éditeur. = 2003（土屋進訳）『瞬間の君臨――リアルタイム世界の構造と人間社会の行方』新評論。

Virilio, P., 1996, *Cybermonde, la politique du pire*, Editions Textuel. = 1998（本間邦雄訳）『電脳世界――最悪のシナリオへの対応』産業図書。

Virilio, P., 1998, *La Bombe Informatique*, Éditions Galilée. = 1999（丸岡高弘訳）『情報化爆弾』産業図書。

Virilio, P., 1999, *Stratégie de la déception*, Éditions Galilée. = 2000（河村一郎訳）『幻滅への戦略――グローバル情報支配と警察化する戦争』青土社。

Wells, H. G., 1908, *War in the Air*, Macmillan.

Whittle, R., 2014, *Predator: The Secret Origins of the Drone Revolution*, Henry Holt & Company. = 2015（赤根洋子訳）『無人暗殺機　ドローンの誕生』文藝春秋。

Wiener, N., 1948, *Cybernetics: Or Control and Communication in the Animal and the Machine*, Hermann & Cie. = 2011（池原止戈夫他訳）『サイバネティックス――動物と機械における制御と通信』岩波文庫。

Williams, L., eds., 1994, *Viewing Positions: Ways of Seeing Film*, Rutgers University Press.

Winkler, A. M., 1999, *Life Under A Cloud: American Anxiety about the Atom*, University of Illinois Press.

Woods, C., 2015, *Sudden Justice: America's Secret Drone Wars*, Oxford University Press.

Zetter, K., 2014, *Countdown to Zero Day: Stuxnet and the Launch of the World's First Digital Weapon*, Broadway Books.

Zworykin, V. Z., 1946, "Flying Torpedo with an Electric Eye," A memorandum sent to David Sarnoff on April 25, 1934, in *RCA Review*, Vol. VII, September 1946, No. 3.

解　説
――眼差しのテクノロジーの臨界を描く

北田暁大

出来事としての空爆

本書『空爆論』の著者によると、彼が執筆を終えようとしているまさにそのとき、ロシアによるウクライナ侵攻が始まったという。そのことは、本書の終章で侵攻にかかわる話が集中的に出てきていることからもうかがえる。

二〇二二年二月二四日、ウクライナ時間の五時ごろ、ロシア大統領ウラジーミル・プーチンはウクライナにおける「軍事作戦」の開始を宣言し、キーウ、オデーサ、ハルキウ、ドンバスで火の手があがった。バイデン米大統領がロシアによるウクライナ侵攻の可能性を公の場で示唆してから一か月ほど。その間、世界中のメディア、国際政治学者、地域研究者、政府、調査機関がその現実化の可能性について情報網を張りめぐらせているなか、ウクライナの地図上の位置をすら知ることのない日本語圏の多くの人びとは、唐突にもすぎるこのバイデンの警告を半信半疑で受け流していたように思う。

クリミア併合にかんする記憶の欠如、あるいは忘却はともかくとして、「〝戦争〟が画策されるという情報」が流れる」という事態は、人びとをなかなかに不安定な認知環境に置く。単純に言えば、アメリカ側がそうした情報を流すことにより、戦争を未然に抑止できる／したいと考えているのか、それとも予測ですらなく未来の規定事実であり、その未来の事実への対応を促しているのか、その時点では不分明でしかないからだ。前者であればバイデンは「戦争が回避された場合」噓つき扱いされかねないし、後者であれば「戦争がなされた場合」ロシアの挙動がいかにも不可思議に映る。そうした時点で、すでにこの「戦争」は、ロシアやウクライナの政治家・軍人のみならず、何らかの通信網に捕捉された人びとにとって、その位置づけと実態の範囲と定義をめぐる情報の戦場となっていたといえる。その意味で、バイデンの告発は、この情報戦におけるロシアに対する西側諸国の実質的な宣戦布告であった。

ウクライナの市街地に砲弾が飛び交い建造物が破壊され、瓦礫のなかを人々が逃げまどい、地下シェルターに身を隠している光景、ゼレンスキーの毅然とした言葉と顔、プーチンの不自然な手の動き、上空からの都市の惨禍、パネルボードに記されたウクライナ・ロシアの攻防図……このすべてを私たちは数か月で繰り返し「見る」こととなった。どの光景も、たしかに過去の戦争・紛争を報じるメディアで見たことのあるものではある。しかし、よく指摘されるように、衛星通信網によりネットへのアクセスを手にしたウクライナの人びとや、各国から集ったジャーナリストたちは、つねに光景の断片をSNS等で世界中に流し、ロシア政府やウクライナ政府、大メディア――マスメディアはもはやネット情報を紹介する媒体となってしまったかのようだ――が提供する映像・画像のイデオロギー的な全体性の輪郭を破砕していたし、マリウポリが陥落した後である本稿執筆現在も、爆撃機が都市を完膚なきまでに焼き尽くす爆撃の像は希薄で、私たちはきわめて局地的な戦闘の残像の断片を受け取っている。

情報論的にいえばマスメディアが映し出す像は、断片化・同期化された映像や文字と並列する像のひとつとなって全体性の表象という課題を諦めてしまっているように見えるし、戦術論にいえば、早いうちに制空権の掌握に失敗したロシアの泥臭い地上戦は、ウクライナの領土を北と東から掌握する地政学的想像力が、西側が供給する先端的な武器や偵察手段によって、限界に近くなっていることをうかがわせる。

この「戦争」がどのような結末を迎えるのか、私には分からない。しかし、数日でロシア軍がキーウを攻め落とし圧勝するだろうといわれていた攻防が、六月にいたりロシアの劣勢との見方が出てくるほどまでに長引いている状況は、数や規模、政治地図によって表現されるような戦闘力のイメージをしたたかに変えつつある。SNSにより情報が断片化し記号的な戦争が……とかいうのではない。なにかもっと根元的なこと、近代以降の人びとが、戦争への／での眼差しを通して作り上げてきた世界把握の方法が、揺らぎ始めているのではないか、ということだ。逆にいうと、圧倒的な「数」の戦法である空襲や原爆を祖型として構成された「空爆＝戦争」の構図・イメージ自体が、特殊近代的なものだったのではないか、ということでもある。

本書で吉見俊哉が詳細に描いているように、近代戦争はその核を「眼差しのテクノロジー」に持っていたといえる。地図によって表現されていた俯瞰的視点は、気球、航空機、爆撃機といった技術によって現実に獲得されるものとなり、マレーの写真銃のように、「眼差し」を向けることがそのまま「銃」を向けることと同義となっていくことを可能にした。ベトナム戦争で泥沼に落ちたかにみえたこの構図は、しかし、八〇年代以降も継承され続け、ついには地球を飛び出しスペースウォーズ計画の実装にまで至る。眼差しのテクノロジーは、つねに俯瞰する眼差しの高度を上げ続け、自らの領土にとどまったまま遠方への迎撃・攻撃を可能にする後続テクノロジーを生み出してきた。

「見る」ことがすなわち「殺す」ことであり、その精度は「高さ」(が可能にする世界像の大きさ)によって担保される。その三者を一体化した空爆の眼差しの方法論が近代に限定された歴史的なものであり、実は「高さ」は、「見る」「殺す」の関数にすぎなかったのではないか。眼差しは世界把握の方法を俯瞰的視点とは別の形で調達することにより、近代的な空爆の意味論に亀裂を生じさせてしまったのではないか。その亀裂に足元を捕らわれているのが、二〇二二年五月現在のロシア軍の姿なのではないか。——『空爆論』と名付けられた本書の課題は、実は、この空爆の意味論の飽和に向けられている。本書のほとんどが書かれたのちにウクライナ侵攻が起こったのは時系列的な事実であるが、本書のエッセンスのなかにすでにロシアの苦戦は予告されていた。いや、それはバイデンの告発同様、驚くべきことではなかったのかもしれない。著者の吉見は、そのデビューから一貫して眼差しと近代の社会的・政治的な結びつきを、両者を媒介するテクノロジーに即して考察してきた思想家・研究者だったのだから。

本書で述べられている空爆や戦争の記述にかんして、私は評価・解説できるような能力を持たない。しかし、吉見俊哉という社会学者がいかにして、どのような理論的枠組みを彫塑するなかで、空爆の意味論そのものの消長を辿る空爆論を描き出すことになったのか、その背景的な事柄については、少し考えるところがある。いったい、吉見にとって、そして歴史社会学にとって眼差しとは何なのだろうか。

ディズニーランドという構図

コロナ禍で陰鬱とした空気が漂う二〇二一年のはじめ、私はなんとかチケットを入手した東京ディズニーランドで、三〇分間で何回スプラッシュマウンテンに乗れるか、というよく意味の分からないゲームに興じていた。緊急事態宣言の延期が発令され、いよいよパンデミックからの脱出口を社会が見失っていたような時期である。そんな状況下でわざわざTDLに行くという不謹慎にはそれなりに理由があってのことだったのだが、それはそれとして、緊急事態宣言下の夢の国という、かなりシュールな状況を体験することとなった。

入場者数の制限のため、広大なTDLの園内には延べても五〇〇〇人ほどしか来場者がおらず、それでいてコロナ禍の長期化への明確な展望もない時期であったため、いつ正常――常態復帰してもいいように、キャストは相応数配置されていた。ゲストとキャストの劇的な数的対照である。ワールドバザールからシンデレラ城、それぞれのサブランド、個々のアトラクションに至るまでゲストは少なく、どの施設の入場にさいしても待ち時間がない。通常時には、アトラクションに乗るまでの場繋ぎ、ディズニー的世界へといざなう通路として機能する「待ち通路」も、ほとんど人がいない。こうなると、ディズニーの夢の魔法も風景ももはやどうでもよい。この異様な空間のなかで、ごった返しで名物の乗り物に限定時間内に何回乗れるか、そんなくだらない、そして辛いといえば辛いゲームぐらいしか、私は思いつくことができなかった。ふだんは夢舞台の演出に徹しているキャストと、数十分ほど他愛もない世間話をする、というTDLにおいては異常事態ともいえる体験をしたのもこの日であった。

かつて吉見は、TDLの空間構成を記号論的・ドラマトゥルギー的に解読した論考のなかで(『リアリティ・トランジット』紀伊國屋書店、一九九六年)、ランドにおける、外部への眼差しの遮断、物語的な自己完結性、ゲストの主体的な演技――物語に相即した眼差しの内面化――のあり方を示し、土地固有の歴史性や社会性を覆い隠して存立するポストモダン的な記号空間の不気味さを描き出した。この吉見の議論は、しばしば誤読されているように、ポストモダン時代における都市のリアル、というかハイパーリアルというリアルを書き留めたものではない。ある特定の空間をその空間として自律・完結させようとすれば、その全体を俯瞰する視点は、歴史と社会の忘却の工学によって、禁じられてしまう。TDLは記憶を構造的に忘れさせる装置であり、その装置に抗うにはゲストの主体性には回収されない何かが必要とされている。外部を見渡す俯瞰的視点――見てもよい内的な外部と見てはならない外部とを区別する――が禁じられた空間において外部、内在する人びとの抵抗は、記号論的な全体性に寄与するものへと即座に回収されてしまう。『都市のドラマトゥルギー』(弘文堂、一九八七年。二〇〇八年に河出文庫)、『博覧会の政治学』(中公新書、一九九二年。二〇一〇年に講談社学術文庫)は、こうした「眼差しの工学」への抵抗線の存在とその獲得の困難とを、「他でありえたかもしれない」可能性を拓く歴史記述という方法によって、指摘するマニフェストであった。

『「声」の資本主義』（講談社選書メチエ、一九九五年。二〇一二年に河出文庫）以降の吉見が、都市論からメディア論やカルチュラル・スタディーズ（ＣＳ）に舵を切ったというのはわりと表層的な捉え方で、人びとの行為と行動を規定する技術の歴史記述と、その技術が想定する行為の幅から逸脱する外部の可能性の指し示しという二つのプロジェクトは、一貫して吉見の思想を貫く軸であり続けている。本書のなかで吉見は、「「上空からの眼差し」と、その眼差しから逃れ、その前で偽装し、時にはそれを見返すことの間の命がけの弁証法」（本書一九五頁）、「眼差しの体制にはいくつもの死角があり、虚焦点がある。そこに目を凝らして見えないものを見ることは政治的な実践である」（一八八頁）と表現している。これはそのまま、ある装置の歴史的経緯を描出することにより他でありえた可能性を記述し、そのことによって、あるいはそれとともに現在における他なる可能性を示唆する、という吉見の思想の描写となっている。眼差しのテクノロジーの生成を描くことにより、その作業が可視化する他なる可能性を指し示すこと、可視化する権力の他様性を可視化すること――それが、本書に至るまでの吉見社会学のしたたかな通底課題である。

緊急事態宣言下のＴＤＬは、眼差しのテクノロジーが世界のドラマトゥルギー的完結性を断念せざるをえない状況で、自己の存続可能性という惨めな目的に従属しなければならなくなっていた。ゲストである私は、制限時間内に何度人気アトラクションに乗れるかという物語性を欠いたむき出しのゲームにしか意味を見出すことができず、夢の世界の共同的な維持を主体的に引き受けているはずのキャストも、その役割を部分的に放棄していた。コロナ禍という、集合性が可能にする快楽をなし崩しにする自然が明らかにしてしまったのは、かつてボードリヤールがディズニーランドについて指摘したこと、つまり、TDLが記号論的世界に耽溺するための遊興装置などではなく、むしろ、日常世界が記号的に編成されていること／ランドこそが現実であることを確認するための装置であるという真実を、逆説的な形で表していた。

ランド外の日常が物語的な意味を構造的に剝奪されたとき、ランドは、日常以上にはドラスティックに自らの非物語性を差し出さざるをえない。吉見が指摘したランドの空間的・物語的な完結性は、日常の記号性が失われたとき、外部世界よりもはるかにラディカルな形で現実を浮かび上がらせる。ゲストは「無意味な日常」から脱出するためにランドに足を運び、「無意味な日常」よりもはるかに残酷な無意味さを見せつけられるだろう。夢の世界はただの遊興装置の集積所に過ぎない。シンデレラ城は、吉見が指摘するように、俯瞰的視点の禁止を告知する「不可能な」俯瞰的場であり、どこのサブランドからでもディズニー的全体性をその高さによって象徴する建造物であったが、何度でも並ばずに乗れるアトラクションに向かうゲストたちの存在によって、いまやその機能を失う。物語的な完結性も、俯瞰する視点の禁止（シンデレラ城の機能）が可能にする空間的自律性も、誰も求めようがないのだ。

無意味の意味論

やがてTDLは、キャストの人員削減を打ち出し、また、アトラクションのメンテナンス時間を定期的に繰り込むことにより、上限入園可能数を低く維持したままで、待ち時間、混雑という集合的になされる「ふだん」の行動を取り戻す。企業、雇用主としての合理的な行動が、待ち時間、混雑という、ランドにとって順機能的なゲストたちの時間経過を再び可能にする。新しい夢の装置がランドにドラマトゥルギーを呼び戻したのではない。端的に、身も蓋もない数(人流管理)の論理が物語の構成条件であることを赤裸々にしてしまったのだ。そういえば、コロナ禍明けの雰囲気が漂う二〇二二年のゴールデンウィーク時には、メディアは競って街中の行列や渋滞を取り上げていた。上演論的完結性は、実は、日常で支障を生み出すものとして認知されたりする人びとの密集・過密によって支えられていたのである。

混雑と待ち時間。それは数の管理に適合的な社会的余剰である。しかし、私たちはこの余剰こそがリアルを可能にしているのかもしれない。私たちは通勤や通学、GWの渋滞や人気店の行列に慣れ切っている。慣れ切っているといえば聞こえはいいが、要するに、そうした集合的事象に日常の自明性、健全さを感じてしまっている。ここでの集合性は社会的連帯もなにも関係のない、「無意味」と名指される時間を生み出すだけの人びとの近接である。そのことは、行列やラッシュとは無縁の地域に住んでいる人たちも同様で、むしろかれらこそが、この無意味な集合性が失われたことにより著しく疎外されていたとすらいえる。メディア等で流れてくる行列、渋滞の情報は、地域に物語性を再配分するあの集合性の賦活を寿いでいた。舞台の論理においては身も蓋もない外在的な(あるいは数的に処理可能な)事柄と思えるような事象や出来事、環境(人流の管理技術や「適度な」不自由さ)が、私たちの社会の有意味性を確保していることを、私たちは様々な場や空間において経験することとなった。

吉見が本書『空爆論』において目指しているのは、自らの「眼差しの工学(の系譜学)」の延長線上において、「眼差し」そのものの持つ工学的性格、眼差しの工学が、無意味と映るもの／データの処理装置として機能していること、眼差しが実は工学の所産である可能性について思考を突き詰めていくことであり、その作業を通して「眼差し」「俯瞰的視点」の捉え方――「見る」「殺す」「高さ」のトライアングル――を書き換えていくことである。

吉見に多大な影響を与えた見田宗介は、名著『まなざしの地獄』(河出書房新社、二〇〇八年)のなかで、「都市とはたとえば、二つとか五つとかの階級や地域の構成する沈黙の建造物ではない。都市とは、ひとりひとりの「尽きなく存在し」ようとする人間たちの、無数のひしめき合う個別性、行為や関係の還元不可能な絶対性の、密集したある連関の総体性である」と述べ、複層的な都市・東京に、連続殺人事件により人びとを震撼させた青年の生を描き出した。歴史と共同性とを漂泊したうえで、人びとが各々の意味を様々な形象をとりつつ実存的に生きることを可能にする都市は、同時に、個別性や行為、関係を社会的にわかりやすい形で類型化し、無二のはずの実存を比較可能な変数へと可視化する場、つまり、まなざしの地獄であった。

吉見の研究プロジェクトは、この見田の問いを承け、個別性の還元不可能な絶対性を人びとに執拗に要請しつつ、個別性を数え上げ、行為や関係を類型化することを可能にする眼差しの社会工学を明らかにすることであった。さきほど、『博覧会の政治学』から『帝都復興ならず』(中公新書、二〇二二年)に至るまでの吉見俊哉の思考の軌跡を、「「眼差しの工学」への抵抗線の存在とその獲得の困難とを、「他でありえたかもしれない」可能性を拓く歴史記述という方法によって、指摘する」というように表現した。この基軸そのものは本書においてもいささかもぶれることなく堅持されている。

この基軸に対応した課題が、メディアの作り手の作為・戦略のみならず、受け手による解釈の複数の戦術メディアの支配的読み／折衝的読み／抵抗的読み(眼差しの多元性)を描き出す、というCS的な実践であり、吉見自身そうした文脈において自らの転回を位置づけているように思える。たぶんそれは正しいのだろう。だが、本書において吉見は、眼差しを構造化する主体が、それ自体眼差しの効果であり、その構造により可能となる個別的、抵抗的眼差しもまたそうした効果の領域にある、というやや込み入った、というか、ド・セルトーのいう戦略／戦術が循環的な関係性をとっており、自動的に権力／被権力にあてがわれるものではないということを、繰り返し確認しているように私には思える。

見田の『まなざしの地獄』においては、都市における過酷な眼差しの体制は、自己を演出する行為が自己の置換可能性を可能にするという意味で、不条理と呼ばれるべきものであった。一方、空爆という出来事は、ジレンマや葛藤を生み出す不条理というよりは、率直にすぎる無意味(代替不可能性を構造的に奪われた生)、無意味とすら認識されない無意味に覆いつくされている。本書では、幾度も俯瞰／地上、無意味／有意味、軍／民間、権力／被権力、安全が保障された場／現場、といったCS的二元論が確認される。しかし、最終的には、それが程度や立場の違いではなく、むき出しの暴力と数という無意味が可能にする有意味性の操作可能性に左右されており、だからこそ、意味世界としての社会にとっての臨界を指し示していること、さらにはそれこそが社会を支えているのではないかという疑念すらもが、明らかにされている。数の論理、集団としての導線の管理、夢の世界のバックヤードを不可視化する装置と振舞い、数時間にわたる行列に快楽を見出す自己統制、混雑にすら／こそ常態を読み取る感受性――こうしたTDLの文法は、それがまさに外側の現実の特定の要素を拡大描写したものであることの証左である。こうした外部を垣間見せるのは、ランドに内在する人びとの主体性でも個別性でもなく、人びとが、外部の世界の無意味こそが自らを支える基盤であることを見出したとき、無意味を無意味として処理しうる認識のオペレーションに亀裂が生じたときである。私たちが現在様々なメディアを通して「見て」いる空爆は、まさにそうした出来事である。

「命をかけた弁証法」

本書においてそうした問題系をもっとも鮮やかに描写しているのが、第3章での特攻とドローンをめぐる記述だろう。

吉見によると、遠隔映像送信装置であるテレビと無人機を結びつけるドローンの開発は太平洋戦争以前から進められていたが、すでに自爆を辞さない日本軍兵士のサムライ的忠誠心は、実際の特攻開始に先駆けアメリカ側に知られており（また特攻に繋がる思想そのものも日本側に太平洋戦争以前から存在しており）、生命を捧げる特攻の構想と等価な、脱人間化された、無人爆撃機として意味づけられていた。「攻撃型ドローンは何よりも、アメリカの「カミカゼ」として日米戦争の只中で構想されて」いたのであり、「両者の間には、日本の「カミカゼ」が特攻隊兵士の自己規律化された忠誠に導かれていたのに対し、アメリカの「カミカゼ」は、電子的なメディア技術が可能にする可視世界の無限の拡大という別の信仰に導かれていた」（一四一頁）。その差異は、日本の野蛮さと人命を尊重するアメリカの文明というコロニアルな対照性を随伴しつつ、それぞれ戦争末期に実装備されることとなった。この一見対極的に映る二つの攻撃装置の異同を論じるなかで、吉見は二つの無意味さを摘出している。

ひとつは、それこそ戦術的にも戦略的にも無為としかいいようがない特攻という方法論によって体現される（隊員にも知られていた）死の無意味さである。戦闘行為が位置づく世界の全体性を集約するはずの大義と通じる戦略、戦略に寄与したり抗ったりする「主体性」を喚起する戦術（「特攻兵は、実は「兵士」として主体化することすら拒否されていた」一六一頁）、その両側面において徹底して無意味でしかない特攻は、だからこそ、事後的にメディア表象を通して繰り返し物語的に再構成され続けなくてはならなかった。その執拗な反復こそが、特攻という出来事の社会的無意味さを物語っている。意味や価値を事後的・操作的に与えられなくてはならない死ほど、尊厳を簒奪された死があるだろうか。

いまひとつは、対照的に人命尊重を仮託されているはずの無人探査・爆撃機ドローンが可能にする眼差しの無意味さ／無差別性である。

吉見は、「航空写真からドローンに至る空爆技術の背景には、近代の歴史のなかに深く織り込まれた認識論的布置がある」（一六九頁）という。その認識論の一つは西洋社会が非西洋社会に向けるオリエンタリズム、コロニアルな視線というきわめて意味と権力に溢れたそれであるが、その視線は同時に、攻撃・侵略の対象に関連する出来事や事柄を、地政学的、歴史学的、社会学的、そして技術的にデータ化し、そのデータ群の結節点・照準点として位置づける、脱人間主義的なデータ処理の方法であった。

データはそれを有意味な形に変換するメディアを介してはじめて意味の構造を与えられる。理想的なドローン(的なもの)が収拾するデータは、書物がそうであるという意味での視覚に依存したものではなく、視覚・聴覚・触覚・知覚……といった様々な身体感覚に定位した意味変換装置としてのメディアすべてに開かれている。逆にいえば、そうした装置を介さなければ意味を「人間的」に構成するものではない。本来的に0／1で表現される意味的に無差別なデータは、視覚的な俯瞰が持つ特権性をone of themとしていくだろう。意味はデータに遅れて、しかも象徴メディアのフィルタリングを通して生起する。ドローン操作者は生命を保証されながら、ドローンが「見て」いるもの——「視覚的無意識」を含めた——の翻訳をみるにとどまる。情報により爆撃された施設にいた人の死は、定義上、軍事施設への爆撃の副産物となる。

実存的な意味での死の無意味さと、あらゆる有意味な事象を(いかなる象徴的な表現系を持とうが)データ化することの無意味さ。この二つの無意味は、個々の唯一無二の存在者にとってのかけがえのない行為や意味づけと、数的に、分類学的に把握する統計学的・類型論的処理(それもまた一つのメディアによる象徴化である)の等価性を導く。

死から逃げ惑う人びと、兵士の固有の歴史・物語も、ペンタゴンの統計的なデータ処理や地政学的な図像化も、いずれもが、無意味さを意味的に糊塗する振舞いであり、そこでは、俯瞰

／地上、無意味／有意味、軍／民間、権力／被権力、安全が保障された場／現場といった区別をなんとか成り立たせてくれるような「上空からの視線」、俯瞰により近似しうる全体性を把握する方法論は成り立ちようがない。それは攻撃側／被害側のいずれにおいてもいえる。データとして捕捉される地上の人びとはたしかに偽装土木などの「戦術」を通じて、第一の意味での無意味さに抗うのだが、それは第二の意味での無意味さ（とそれを有意味化する装置の機能）を完全に失効させることはできない（「上からの視点」を担保する大型爆撃機を主要アクターとした相手であったからこそ、ベトコンはその戦術を昇華させることができた）。

死の実存的な無意味と、操作者の死を擁しない対象捕捉装置が可能にする無意味との間は、どこまでもすれ違い続け、交差したり相互作用したりすることがない。「結局のところ、「上空からの眼差し」と、その眼差しから逃れ、その前で偽装し、時にはそれを見返すことの間の命がけの弁証法に最終的な答えはない」（一九五頁）という吉見の分析を、こう言い換えることもできるかもしれない。すなわち――「結局のところ、「眼差し」そのものが、データ的な網羅性を求め物理的な高さを必要としなくなると、その眼差しから逃れ、その前で偽装し、時にはそれを見返すことの間はもはや命がけの弁証法が成り立ちえない」と。

端緒へ――

近年論壇を賑わせている議論のひとつにナッジ（nudge）がある。ナッジとは「軽くつつく」ぐらいの意味の言葉だが、行動経済学の領域において、人びとの行為をサンクションで誘導するのではなく、あらかじめ行為者が適切な行為をするように環境をデザインする方法として、精緻に議論されている。少し前であればアーキテクチャによる管理と呼ばれたような事象と折り重なるもので、人びとの自律的選択(主体性)を否定することなく(それでいて一定の他行為可能性を不可視化することで)人びとの行為を促す行為統制の方法だ。

この方法の根幹をなすのは、リバタリアン・パターナリズムという一見語義矛盾をはらんだような、しかしきわめて精緻に展開されている理論である(その詳細については竹内豪志『リバタリアン・パターナリズムの展開——ナッジの合理性と実践性に着目して』東京大学大学院学際情報学府修士論文、二〇二一年度に多くを教えられた)。純化されたナッジ的な行為統制は、人びとに最大限の自由を、行為に関するデータを収蔵する統治者に小さくない統治の手段を与える。実際のところ統治の主体は誰なのか、その主体の作為は排除しきれるのか、といった論点について様々な議論が展開されているのだが、「飛び降りることのできない新幹線ホーム」のように、私たちの日常に一定程度対応する実感を持つ方法論である。この統治術において、「データ的な網羅性を求め物理的な高さを必要としなくなる眼差し」と、「眼差しから逃れ、その前で偽装し、時にはそれを見返すこと」は、すれ違いどころか、完全に共生可能となる。

フーコーのベンサムにおいては、眼差しを向ける主体の不在は眼差しを受ける人びとの主体性によって補完され、機能の充足を可能にしていたが、ナッジによる統治では、眼差しを受ける主体の主体性・規律の内面化は空手形のようなもので、最大限に保障されながらも、実はあってもなくてもかまわない。眼差しを向ける側もまた政治的信念にもとづいて建造物の設計を根拠づける必要はなく、端的に、データにもとづいて導出された最適性が、かれらの入力を左右する。人文学的な意味での人間や主体は、そうしたものがあるという人びとの願いを受けた意味論上のアリバイにすぎない。「上空からの」という意味論的遠近法を指し示す限定を、テクノロジーによって解除された眼差しは、人間を置き去りにして自己運動を始めるかもしれない。本書『空爆論』が示したのは、意味的な奥行きと物理的高度を失い、人間がテクノロジーの従者・効果となった世界、戦争という極限状態において前景化する近代の成り立ち、その生成と死の徴候である。

吉見は、航空写真からドローン、特攻、原爆、ベトナム、イラク、ウクライナ、9・11をメディア論的に解読している。この過程のなかで、近代的な「上空からの眼差し」がもはや「人格的」であったり、物理的に上空でなくとも機能してしまうし、そのほうが人命尊重(攻撃側、被攻撃側双方にとって)という理念に適う。『空爆論』は、眼差しが本質的に属人的なものにも、高さを持つ俯瞰的視点にも依存せずに作動することを示した書物、技術と人権尊重、植民地主義の混合体が物理的な眼差しを本質的な要件としないことを証示する書である。

考えてみれば、そもそも高さと権力を結びつけるアイコンとしての城は、近代以前にすでに象徴装置と化していた。城が高さを持つ円状の塔を擁するようになったのは中世西欧の数百年にすぎず、その間に城の形状や機能、高さの意味も、「外部(敵や領地)」との関係で変化してきた(河原温・堀越宏一編著『西洋中世史』五章、放送大学教育振興会、二〇二一年)。シンデレラ城はすでに俯瞰性の持つ軍事的意味が霧消していたコピー=ノイシュヴァンシュタイン城

（に代表される軍事的機能を失った城）のコピーであるともいわれているし、外部の東京湾を臨みうる高さを禁じられた奇妙な城だ。機能的に意味を失った城は、破砕されるとしても、軍事的な意味ではなく、ただひたすら象徴的な意味において解体されるしかない。その最後の痕跡がＷＴＣ（世界貿易センター）であり、ビン・ラディンが身を隠すどこかであった。城はもはやテーマパークのなかにしか存在しない。そもそも俯瞰的視点＝高さや奥行きを、データを網羅する全体性に漸近する手段として捉えていた時代こそが、特殊に「人間的」であったのだ。『空爆論』は、その意味で、『博覧会の政治学』からはじまる眼差しの系譜学の端緒に帰還する試みであったといえる。

シンデレラ城は、精細な人流テクノロジーの効果であって、作用圏に内在する人びとを律する眼差しの拠点ではなかった。

博覧会は、高度に動機づけられた探索によるデータ収集を意味論的に再編成した翻訳装置であった。

都市は、固有性をはぎ取られた土地と人とを一括して無機質なデータへと転換する舞台装置であった。

帝都・東京は、震災という身も蓋もない外部に接した人びとがあらゆる手段を用いて、意味と地理とを対応させる都市計画の構図を創出していくなかでの所産であった。

近代的な博覧会のコピーとしての現代の博覧会は、象徴的な意味すら求めない政治過程と資本とが生み出した意味の衣服であった。

そして、「舞台としての空爆」やその記憶もまた戦争で収拾される、無意味な死とそれに近接した出来事、攻撃の方法論にかかわるデータを、人間的に回収するための装飾であった。出来事や場の有意味は、人間／非人間とを差別化しない外部のリアル――フリードリヒ・キットラーが読み替えたラカン理論における現実的なもの――に根本的に依存しつつ、そのリアルを象徴的・想像的に覆い隠すメディアの作用によって担保されていたのである。眼差しは象徴的メディア、想像的メディアを人間への翻訳機として利用するが、その根底においてリアルなもの、無意味なデータの集積に従属する。究極的な意味において、死の無意味さ(代替不可能なものの代替可能性)を顕示する戦争において、近代の眼差しの弁証法は加速し、止揚し、そして「端緒の区別」へと回帰する。そのメカニズムを鮮明に描き出す眼差しの社会理論の終章の始まりが、本書『空爆論』である。

眼差しは、視覚／聴覚／触覚／知覚といった感覚機能の類型論から解放された。私たちは、そこに吉見俊哉という思想家の端緒への回帰、端緒の沈思への決断を見いだすことができる。眼差しは「高みから見る＝殺す」の構図から解き放たれ、眼差しがずっと住まっていたデータ＝瓦礫の山へと投げ返された。ナショナリズムと資本の華やかな舞台としての万博、オリンピック、記号に彩られた消費都市(渋谷)やテーマパーク、人びとを街頭で熱狂させたラジオ、知を構造化する大学――吉見がつぶさにその歴史性をたどってきたこれらの文化装置は、TDLのシンデレラ城のように、その象徴的機能と俯瞰的な統治・権力の場としての中心性を失い、断片的に「ヒト」「コト」「モノ」の流れにかかわり、人びとの適合的な環境を生み出すデータを収集する／が集積するノード、というか、私たちが数と記録に囲繞された世界に生きているわけではないと信じるためのアリバイへと変容(回帰)していった。そして、積み上げてきた「上からの目線」を自己否定するに至る空爆。現代から見たときに雑然と映る(可能な出来事の関係の組み合わせが多様に過ぎる)近代以前の状況から、その複雑さを象徴的な方法で縮約していく「舞台」が立ち上がり、それがまた舞台化によっては処理しきれない雑然性に直面し、他なる縮約の方法の可能性を模索していく――こうした舞台の生成史、そして他でありえた可能性を描き出す吉見のドラマトゥルギーは、しかし、未来のありうる可能性を未来形の現実として描出する未来学の手前でいつも終幕を迎える(大学論が例外かもしれない)。

未来の可能性を縮約的に描き出すことは、その可能性を現在の想像力において限定することでもあるわけで、とすると、吉見のドラマトゥルギーの結びは、想像力の功罪を踏まえた想像力の駆動を読者に扇動しているともいえる。

空爆は、極限的な状況に意味を与える舞台を構成する「上からの視線」を精緻に作り上げ、やがて俯瞰性の確保という本質的ともいえる機能を視覚から解き放っていった。その方法論に「他の可能性」はあるのか、あるべきなのか。その問いへの解答は、読者に委ねられている。この稀代のメディア論者が、「他である可能性」を、未来学的記述によってではなく、つねに歴史社会学の記述において指し示してきたことは、吉見自身が、未来学者よりもはるかに(可能的読者の)想像力への信頼と期待を持っていることのゆるぎない証左なのである。

(きただ・あきひろ　東京大学大学院教授)

あとがき

空爆について、メディア論の視座から考え直してみようと思ったそもそものきっかけは、やはりあの9・11とその後のイラク戦争への流れの中でのことであったように思う。

その頃、私は、本書が主題化する「メディアとしての戦争」よりも「戦争を語るメディア」という意味で、「戦争とメディア」ついての二つのプロジェクトに関与していた。一つは、第一次世界大戦期のプロパガンダポスター群をデジタルアーカイブ化する事業である。

当時、まだ東京大学大学院情報学環と合併する前だった同社会情報研究所図書室には、敗戦直後に旧外務省情報部から引き継いだ大量の第一次大戦期ポスターがあり、この貴重資料のデジタルアーカイブ化を、印刷技術に詳しい多くの専門家の協力を得ながら進めていた。第一次世界大戦は、空爆技術のみならず、印刷技術でも大転換期で、ポスターには、リトグラフ、凹版、凸版、オフセット等、様々な技術がハイブリッドに使われていた。そうした技術や様式の混成と反復されるアイコン的図像のアンバランスがこの時代の戦争表象の面白さである。

もう一つは、奇しくも9・11の少し前から岩崎稔、成田龍一などの諸氏と始めた「戦争とメディア(Between War and Media)」研究会で、このプロジェクトでは二〇〇二年三月、キャロル・グラック、マリタ・スターケン、テッサ・モリス－スズキなどの諸氏を招いて日仏会館で国際シンポジウムを開催した。そこで私たちが焦点としたのは、戦争の記憶とメディアの関係であり、9・11から第二次世界大戦までを遡りながら記憶のメディア政治を考えようとしていた。

その後、私は大学の学内業務に忙殺される十年近くの日々が続き、二〇〇〇年代初頭にやっていたこれらの仕事を発展させることはできなかった。そんな自分が、再び「戦争とメディア」というテーマに取り組むきっかけを作ってくれたのは、何といっても大澤真幸氏や内田隆三氏を中心に、広い意味で見田宗介先生の社会学に感化を受けたメンバーが集った社会理論研究会のおかげである。研究会は、二〇一〇年代を通じて定期的な会合として続けられたが、一〇年代半ばともなれば、自分の書く本のテーマを絞り込んでいかなければならなくなる。私自身は、そろそろ大学からメディアへ、都市へというように、自分の軸足を戻していきたいという願望が頭をもたげていた時期で、研究会の場を使い、かつてのテーマへの回帰を模索した。

同じテーマも、途中に長い空白期間を置いて舞い戻ると、いわば螺旋を描くようにかつての場所の近くに戻るのだが、それは同じ場所ではなく、見える風景もすっかり変わっていることがある。かつての私にとって、「戦争とメディア」と言うときの「メディア」はメディア表象の問題であったのだが、本書の私にとって、それは「他者を可視化する技術」の問題である。

このような自分の中での視座の転換は、一方では本書で論じたような外部的なメディア環境や戦争のあり方の変化、とりわけドローン技術の広がりと関係するのだが、他方で私自身に関して言えば、アジア太平洋戦争末期の日本の惨状、一九四五年から占領期にかけて日本列島やその周辺部で起きたことをより深く考えようとする一連の作業が大きかった。本書では、一貫して「東京大空襲」ではなく「東京空爆」という言い方をしている。戦争を、「被災」の経験として以上に、「眼差し=権力」のおぞましき作動として問い返す必要があると思うからだ。

そうした作業を通じ、私は自分がその「眼差し=権力」へのこだわりにおいて、かつての『博覧会の政治学』から本書まで、一貫した問題関心の中で仕事をしてきたことを事後的に発見していくことになった。私はその博覧会論を、一八五一年のロンドン万博からではなく、一四九二年のコロンブスによる新大陸発見、その「発見」によって南北アメリカ大陸の先住民たちがたどることになった運命の記述から始めていた。スペイン人の侵略で彼らに起きたことは、紛れもなく人類史上最大の大虐殺であった。その大虐殺と博覧会の眼差しは表裏をなしてきた。同様の表裏の関係を、二〇世紀のアメリカが展開した戦争の現場で考えようとしたのが本書である。

この試みについて、北田暁大氏は鋭利に核心を衝く解説論文を書いてくださった。自分は自分からよりも他人からのほうがよく見えるのは、永遠の真実である。北田論文によって吉見俊哉はすでに完璧に解剖されている。たしかに私は、本書を通じて「眼差しのテクノロジーの臨界」を描いてきたのだ。私が繰り返し試みてきたのは、「個別性の還元不可能な絶対性を人びとに執拗に要請しつつ、〔その〕個別性を数え上げ、行為や関係を類型化することを可能にする眼差しの社会工学」の問い返しであったと、北田は指摘する。見事な看破と言う他はない。

北田論文が言い当てるように、可視性であると同時にむき出しの暴力でもある空爆は、眼差しの臨界である。あらゆる意味はその瞬間に失われ、世界は無意味に覆われる。二〇世紀を通じてアメリカに主導されて高度に発達してきたこの無意味さの技術の軌跡を検証することは、まさに「それこそが「文明」を支えているのではないかという疑念」に応答する試みでもある。

ウクライナの戦争は続いているが、本書はこれで幕を閉じる。一連の考察を深めていく上で、社会理論研究会のみなさまには多大なご示唆をいただいた。岩波書店編集部の山本賢さん、大竹裕章さんには、資料集めや様々な激励を含め、お世話になりっぱなしであった。本づくりはいつも著者と編集者の二人三脚である。それが楽しく、本を書き続けている。今回も、なんとか長いコースを走り終え、ゴールまでたどり着くことができた。伴走者に心から感謝している。

二〇二二年六月一三日　　ロシアのウクライナ侵攻から一一〇日

吉見俊哉

吉見俊哉
1957年生まれ．東京大学大学院情報学環教授．著書に『都市のドラマトゥルギー——東京・盛り場の社会史』(河出文庫，2008年)，『博覧会の政治学——まなざしの近代』(講談社学術文庫，2010年)，『視覚都市の地政学——まなざしとしての近代』(岩波書店，2016年)，『平成時代』(岩波新書，2019年)，『大学は何処へ——未来への設計』(岩波新書，2021年)，『東京復興ならず——文化首都構想の挫折と戦後日本』(中公新書，2021年)など．

クリティーク社会学
空爆論—メディアと戦争

2022年8月4日　第1刷発行

著　者　吉見俊哉（よしみ しゅんや）

発行者　坂本政謙

発行所　株式会社 岩波書店
〒101-8002 東京都千代田区一ツ橋 2-5-5
電話案内 03-5210-4000
https://www.iwanami.co.jp/

印刷・理想社　カバー・半七印刷　製本・松岳社

ISBN 978-4-00-027177-6　Printed in Japan